游戏道具制作

王振宇 程宏 朱碧耘 高文熹 编著

中国电力出版社

内 容 提 要

游戏道具制作是游戏设计专业的重要核心课程。教材共为两部分：第一部分主要介绍电子游戏及游戏中道具的基本理论；第二部分主要介绍次世代游戏道具制作实践，按照项目制作的工作流程，从"任务引入、任务要素、任务实施"三个板块，以角色道具、场景道具、武器道具三大实际项目案例结合项目全流程的实操，精讲"中模造型、高模细节、低模减面、UV 拆解再到最后的光照渲染等全过程"。此外，还详细介绍了 PBR 材质制作原理，以及如何运用 Substance Painter 等工具完成精细的纹理制作和材质贴图。

本书每章后附"本章总结、课后作业、思考拓展、课程资源链接"内容，资源链接中包括课件、视频等资料。本书适合作为高等职业院校和应用型本科院校的专业教材，以及专业设计人员的参考用书。

图书在版编目（CIP）数据

游戏道具制作 / 王振宇等编著. —北京：中国电力出版社，2024.3

高等职业院校设计学科新形态系列教材

ISBN 978-7-5198-8539-7

Ⅰ.①游… Ⅱ.①王… Ⅲ.①游戏程序—程序设计—高等职业教育—教材 Ⅳ.①TP317.6

中国国家版本馆 CIP 数据核字（2024）第 022833 号

出版发行：中国电力出版社
地　　址：北京市东城区北京站西街 19 号（邮政编码 100005）
网　　址：http://www.cepp.sgcc.com.cn
责任编辑：王　倩（010-63412607）
责任校对：黄　蓓　朱丽芳
书籍设计：王红柳
责任印制：杨晓东

印　　刷：北京瑞禾彩色印刷有限公司
版　　次：2024 年 3 月第一版
印　　次：2024 年 3 月北京第一次印刷
开　　本：787 毫米 ×1092 毫米　16 开本
印　　张：10
字　　数：292 千字
定　　价：58.00 元

版权专有　侵权必究

本书如有印装质量问题，我社营销中心负责退换

高等职业院校设计学科新形态系列教材
上海市高等教育学会设计教育专业委员会"十四五"规划教材

丛书编委会

主　　任　赵　坚（上海电子信息职业技术学院校长）

副 主 任　宋　磊（上海工艺美术职业学院校长）
　　　　　　范圣玺（中国高等教育学会设计教育专业委员会常务理事）
　　　　　　张　展（上海设计之都促进中心理事长）

丛书主编　江　滨（上海市高等教育学会设计教育专业委员会副主任、秘书长）

丛书副主编　程　宏（上海电子信息职业技术学院设计与艺术学院教授）

委　　员　唐廷强（上海工艺美术职业学院手工艺学院院长）
　　　　　　李光安（上海杉达学院设计学院院长）
　　　　　　吕雯俊（上海纺织工业职工大学党委书记）
　　　　　　王红江（上海视觉艺术学院设计学院院长）
　　　　　　罗　兵（上海商学院设计学院院长）
　　　　　　顾　艺（上海工程技术大学国际创意学院院长）
　　　　　　李哲虎（上海应用技术大学设计学院院长）
　　　　　　代晓蓉（上海音乐学院数字媒体艺术学院副院长）
　　　　　　朱方胜（上海立达学院设计学院院长）
　　　　　　范希嘉（上海视觉艺术学院学科与学术发展办公室主任）
　　　　　　葛洪波（上海建桥学院设计学院院长）
　　　　　　张　波（上海出版专科学校系主任，教育部职业教育艺术类教学指导委员会委员）

序一

党的二十大报告对加快实施创新驱动发展战略作出重要部署，强调"坚持面向世界科技前沿、面向经济主战场、面向国家重大需求，面向人民生命健康，加快实现高水平科技自立自强"。

高校作为战略科技力量的聚集地、青年科技创新人才的培养地、区域发展的创新源头和动力引擎，面对新形势、新任务、新要求，高校不断加强与企业间的合作交流，持续加大科技融合、交流共享的力度，形成了鲜明的办学特色，在助推产学研协同等方面取得了良好成效。近年来，职业教育教材建设滞后于职业教育前进的步伐，仍存在重理论轻实践的现象。

与此同时，设计教育正向智慧教育阶段转型，人工智能、互联网、大数据、虚拟现实（AR）等新兴技术越来越多地应用到职业教育中。这些技术为教学提供了更多的工具和资源，使得学习方式更加多样化和个性化。然而，随之而来的教学模式、教师角色等新挑战会越来越多。如何培养创新能力和适应能力的人才成为职业教育需要考虑的问题，职业教育教材如何体现融媒体、智能化、交互性也成为高校老师研究的范畴。

在设计教育的变革中，设计的"边界"是设计界一直在探讨的话题。设计的"边界"在新技术的发展下，变得越来越模糊，重要的不是画地为牢，而是通过对"边界"的描述，寻求设计更多、更大的可能性。打破"边界"感，发展学科交叉对设计教育、教学和教材的发展提出了新的要求。这使具有学科交叉特色的教材呼之欲出，教材变革首当其冲。

基于此，上海市高等教育学会设计教育专业委员会组织上海应用类大学和职业类大学的教师们，率先进入了新形态教材的编写试验阶段。他们融入校企合作，打破设计边界，呈现数字化教学，力求为"产教融合、科教融汇"的教育发展趋势助力。不管在当下还是未来，希望这套教材都能在新时代设计教育的人才培养中不断探索，并随艺术教育的时代变革，不断调整与完善。

同济大学长聘教授、博士生导师
全国设计专业学位研究生教育指导委员会秘书长
教育部工业设计专业教学指导委员会委员
教育部本科教学评估专家
中国高等教育学会设计教育专业委员会常务理事
上海市高等教育学会设计教育专业委员会主任

2023年10月

序二

人工智能、大数据、互联网、元宇宙……当今世界的快速变化给设计教育带来了机会和挑战,以及无限的发展可能性。设计教育正在密切围绕着全球化、信息化不断发展,设计教育将更加开放,学科交叉和专业融合的趋势也将更加明显。目前,中国当代设计学科及设计教育体系整体上仍处于自我调整和寻找方向的过程中。就国内外的发展形势而言,如何评价设计教育的影响力,设计教育与社会经济发展的总体匹配关系如何,是设计教育的价值和意义所在。

设计教育的内涵建设在任何时候都是设计教育的重要组成部分。基于不断变化的一线城市的设计实践、设计教学,以及教材市场的优化需求,上海市高等教育学会设计教育专业委员会组织上海高校的专家策划了这套设计学科教材,并列为"上海市高等教育学会设计教育专业委员会'十四五'规划教材"。

上海高等院校云集,据相关数据统计,目前上海设有设计类专业的院校达60多所,其中应用技术类院校有40多所。面对设计市场和设计教学的快速发展,设计专业的内涵建设需要不断深入,设计学科的教材编写需要与时俱进,需要用前瞻性的教学视野和设计素材构建教材模型,使专业设计教材更具有创新性、规范性、系统性和全面性。

本套教材初次出版计划共30册,适用于设计领域的主要课程,包括设计基础课程和专业设计课程。专家组针对教材定位、读者对象,策划了专用的结构,分为四大模块:设计理论、设计实践、项目解析、数字化资源。这是一种全新的思路、全新的模式,也是由高校领导、企业骨干,以及教材编写者共同协商,经专家多次论证、协调审核后确定的。教材内容以满足应用型和职业型院校设计类专业的教学特点为目的,整体结构和内容构架按照四大模块的格式与要求来编写。"四大模块"将理论与实践结合,操作性强,兼顾传统专业知识与新技术、新方法,内容丰富全面,教授方式科学新颖。书中结合经典的教学案例和创新性的教学内容，图片案例来自国内外优秀、经典的设计公司实例和学生课程实践中的优秀作品，所选典型案例均经过悉心筛选，对于丰富教学案例具有示范性意义。

本套教材的作者是来自上海多所高校设计类专业的骨干教师。上海众多设计院校师资雄厚，使优选优质教师编写优质教材成为可能。这些教师具有丰富的教学与实践经验，上海国际大都市的背景为他们提供了大量的实践机会和丰富且优质的设计案例。同时，他们的学科背景交叉，遍及理工、设计、相关文科等。从包豪斯到乌尔姆到当下中国的院校，设计学作为交叉学科，使得设计的内涵与外延不断拓展。作者团队的背景交叉更符合设计学科的本质要求，也使教材的内容更能达到设计类教材应该具有的艺术与技术兼具的要求。

希望这套教材能够丰富我国应用型高校与职业院校的设计教学教材资源，也希望这套书在数字化建设方面的尝试，为广大师生在教材使用中提供更多价值。教材编写中的新尝试可能存在不足，期待同行的批评和帮助，也期待在实践的检验中，不断优化与完善。

丛书主编

2023年10月

前言

随着三维技术的革新和个人硬件设备的更新，游戏美术一直处于高速发展和迭代的状态。越来越多高质量、超写实风格的游戏出现在市场上并且饱受玩家的喜爱。同时，元宇宙概念兴起，元宇宙所涉及的技术与游戏行业的技术高度重合，使得整个市场对游戏美术行业的人才需求量激增。目前，游戏道具制作已经成为游戏设计专业中一门重要的专业核心课程，与游戏角色制作、游戏场景制作共同构成游戏美术设计知识的核心平台。

本书的特色主要包括以下方面。

（1）梳理游戏道具知识，夯实软件操作基础。道具制作的过程中涉及很多理论知识及软件操作，缺乏其中任何一环都无法完成制作。本书从游戏道具制作的理论知识入手，细致讲解软件的基础操作，运用三维软件对游戏道具进行制作。

（2）学习不同制作技能，掌握效果表现规律。游戏美术行业中由于面对不同的项目内容、不同的技术要求，需要掌握不同的技能，以完成道具的制作要求，这就需要设计师能够掌握多种创作能力及表现效果。本书在相同的道具制作流程中采用不同的制作方法，为读者提供多样的技能选择，并总结出不同方法中的规律，帮助读者更好地创作。

（3）接触真实项目案例，明晰行业制作标准。将游戏行业中的真实案例引入本书第二部分"道具制作全流程案例实操"环节中，帮助读者了解游戏美术行业中道具制作的最新行业标准。在编写过程中，从读者的职业素养角度出发，讲解项目获取、制作思路、完成项目的全流程，以达到提高个人创作水平的目的。

本书包含丰富的数字化教学资料，读者可通过扫描章后的二维码获取相关资料，学习过程中遇到的任何与本书相关的问题，可发送邮件至380395904@qq.com邮箱获得帮助。

书中配套教学视频，扫描二维码可下载观看

虽然本书作者在游戏设计领域有多年的教学与行业实践经验，但由于自身水平的局限，书中难免存在疏漏和不足之处，请广大读者批评指正。

编者
2024年1月

目录

序一
序二
前言

第一部分
游戏概述与软件技术基础

第一章　电子游戏概述 / 002
第一节　何为游戏 / 002
第二节　游戏的次世代 / 002
一、游戏的发展历程 / 002
二、次世代游戏简述 / 007
第三节　游戏中的道具 / 010
一、游戏道具的分类 / 010
二、游戏道具的意义 / 011
第四节　课程任务实施 / 011

本章总结 / 课后作业 / 思考拓展 / 课程资源链接

第二章　道具模型制作基础 / 013
第一节　如何制作道具 / 013
第二节　软件技能学习 / 013
一、学习操作与技法 / 013
二、物体组合与修改 / 017
三、经典案例的解析 / 020
第三节　课程任务实施 / 031

本章总结 / 课后作业 / 思考拓展 / 课程资源链接

第二部分
道具制作全流程案例实操

第三章　角色道具——步话机 / 034
第一节　了解并分析步话机 / 034
一、资料搜集 / 034
二、任务分析 / 034
第二节　步话机全流程制作 / 035
一、模型制作 / 035
二、UV / 044
三、烘焙贴图 / 050
四、材质制作 / 054
五、引擎渲染 / 058
第三节　课程任务实施 / 059

本章总结 / 课后作业 / 思考拓展 / 课程资源链接

第四章　场景道具——中国传统灯笼 / 061
第一节　了解并分析纸灯笼 / 061
一、资料收集 / 061
二、任务分析 / 062
第二节　纸灯笼全流程制作 / 062
一、模型制作 / 062
二、UV / 069
三、烘焙贴图 / 072
四、材质制作 / 073
五、引擎渲染 / 078
第三节　课程任务实施 / 080

本章总结 / 课后作业 / 思考拓展 / 课程资源链接

第五章　武器道具——步枪 / 082
第一节　了解并分析步枪 / 082
一、资料搜集 / 082
二、任务分析 / 083
第二节　步枪全流程制作 / 083
一、模型制作 / 083
二、UV / 111
三、烘焙贴图 / 124
四、材质制作 / 129
五、引擎渲染 / 141
第三节　课程任务实施 / 143

本章总结 / 课后作业 / 思考拓展 / 课程资源链接

第一部分 游戏概述与软件技术基础

第一章 电子游戏概述

第一节 何为游戏

游戏是一种娱乐和休闲的活动，通过规则和互动来创造有趣的体验。游戏的起源可以追溯到人类社会的早期历史，随着社会的发展，游戏的形式也在发生着重要的变化。在近二十年的现代生活中，游戏一词更多代表互动式的"电子游戏"。随着个人电脑及手持设备（手机、掌机）硬件技术的发展，有着逼真效果的次世代游戏受到众多玩家的追捧，游戏美术的发展走上了一个新的台阶。作为次世代游戏美术设计的基础知识——游戏道具，是很多初学者迈进游戏设计行业的第一道门。了解游戏的发展、掌握游戏道具的理论知识是本章学习任务的核心。

知识目标
（1）了解电子游戏的发展历程。
（2）熟悉道具在游戏中的重要作用。
（3）熟悉次世代游戏道具的特点和制作要求。

能力目标
（1）具有游戏美术设计与制作的基础理论能力。
（2）具备鉴赏次世代各类型游戏的能力。

第二节 游戏的次世代

一、游戏的发展历程

（一）游戏的产生

游戏是参与者根据一组规则进行互动，并追求特定的目标或取得胜利。游戏通常包含竞争、挑战和娱乐的元素，通过提供激励、反馈和娱乐来吸引参与者。无论是电子游戏还是传统游戏，游戏的概念都是为了创造一个有趣、有挑战性和有意义的体验。游戏可以多种形式存在，包括电子游戏、体育运动（游戏）、棋盘游戏、角色扮演游戏等。

（二）电子游戏

电子游戏是指以电子设备（如个人电脑、游戏主机、智能手机、平板电脑等）作为媒介和平台，通过软件程序和互动技术创造的一种虚拟娱乐形式。它利用计算机技术和图形处理能力，将玩家带入虚拟的游戏世界，为玩家提供丰富多样的游戏体验。从单人游戏到多人在线游戏，从简单的单色像素到逼真的虚拟现实体验，电子游戏已经成为全球范围内最受欢迎的娱乐形式之一，吸引不同年龄段的人们参与其中。它包含电子设备、软件程序、互动性、图形和声音以及不同游戏类型。

（1）**电子设备**：电子游戏依赖于电子设备来提供游戏的展示和交互界面。不同的游戏平台包括个人电脑、游戏主机、掌上游戏机和移动设备等。

（2）**软件程序**：电子游戏通过编程和软件开发技术创建游戏的规则、图形、声音和交互逻辑。游戏的开发者使用编程语言和游戏引擎等工具来实现游戏的功能和特性。

（3）**互动性**：电子游戏强调玩家与游戏世界的互动。玩家可以通过操控输入设备（如游戏手柄、键盘、触摸屏、VR设备）来控制游戏角色、进行操作和做出选择。

（4）**图形和声音**：电子游戏利用图形渲染技术创建虚拟的游戏世界，并通过声音效果提供沉浸式的游戏体验。高级的图形引擎和音效技术使游戏具有逼真的视觉效果和音频表现力。

（5）**游戏类型**：电子游戏包含多种类型，如动作游戏、冒险游戏、角色扮演游戏、射击游戏、益智游戏等。每种类型的游戏都有自己独特的玩法和目标。

（三）电子游戏的发展

从20世纪50年代以来，从最初的简单游戏到如今复杂、逼真的虚拟体验游戏，电子游戏经历了令人瞩目的发展。整个电子游戏的发展史可以用诞生时代、拓荒时代、街机掌机时代、家用游戏机时代、在线游戏时代来概括。

1. 诞生时代

1947年，物理学家小汤玛斯·戈德史密斯和艾斯托·雷·曼创造了一个名为《阴极射线管娱乐装置》的作品，该作品是世界上第一个采用电子视觉化显示器的互动式电子类游戏（图1-1）。

1952年，英国计算机科学教授亚历山大·S.道格拉斯（Alexander Sandy Douglas）创作了井字棋电子游戏。道格拉斯用电子延迟存储自动计算器（EDSAC）模拟井字棋游戏，并让游戏状态显示于屏幕上。这款游戏在之后的计算机史学家马丁·坎贝尔-凯利（Martin Campbell-Kelly）制作EDSAC模拟文件时，用OXO的名称来命名（图1-2）。

1958年，物理学家威廉·希金伯泰创作出第一款互动电子游戏《双人网球》，又称《电脑网球》（Computer Tennis）。这是一款模拟网球比赛的体育游戏（图1-3）。

2. 拓荒时代

1962年，当时还是一名学生的史蒂夫·罗素（Steve Russell）和他的几位同学开发出了世界上第一款视频游戏《太空大战》（Spacewars）（图1-4）。游戏以星空为背景，两名玩家各自操作虚拟飞船互相射击，飞船在两船相撞或被对方击中及坠入恒星的情况下被摧毁。

3. 街机掌机时代

1972年6月27日，美国工程师诺兰·布什内尔（Nolan Key Bushnell）和电气工程师小塞缪

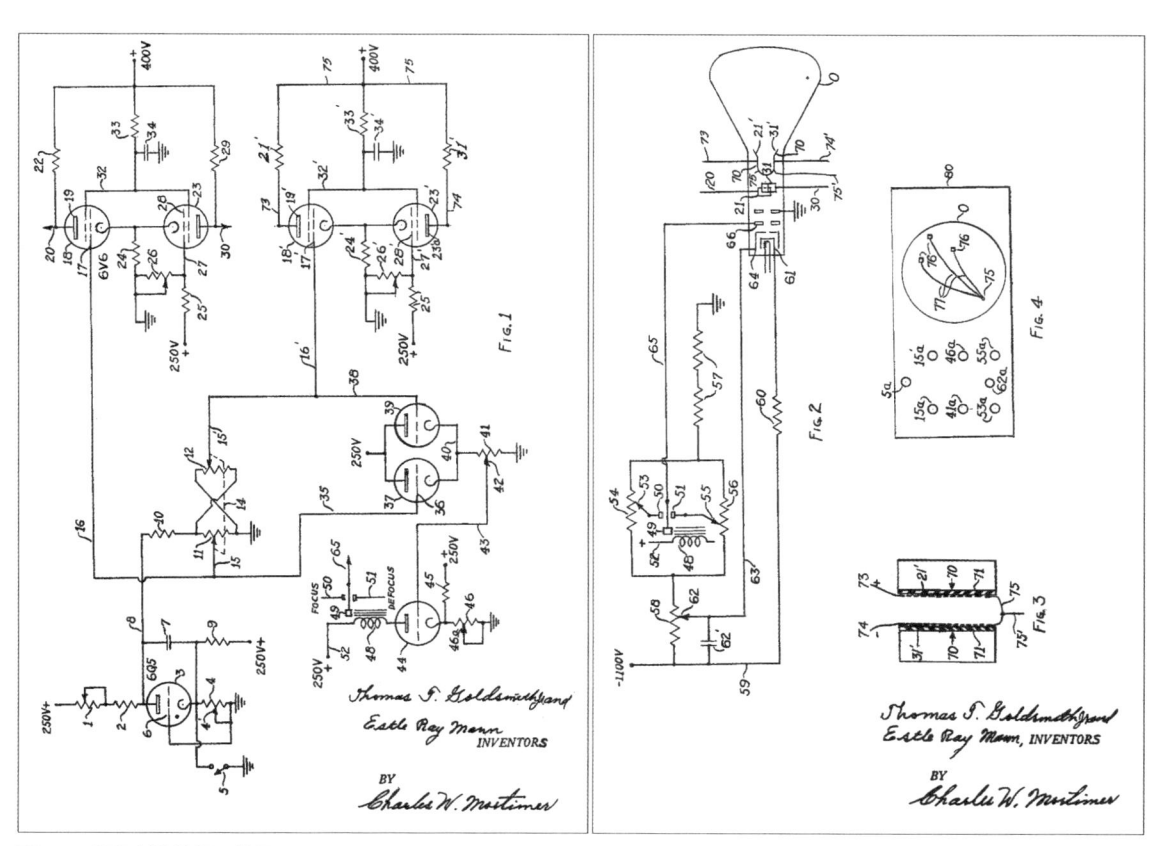

图1-1 阴极射线管娱乐装置

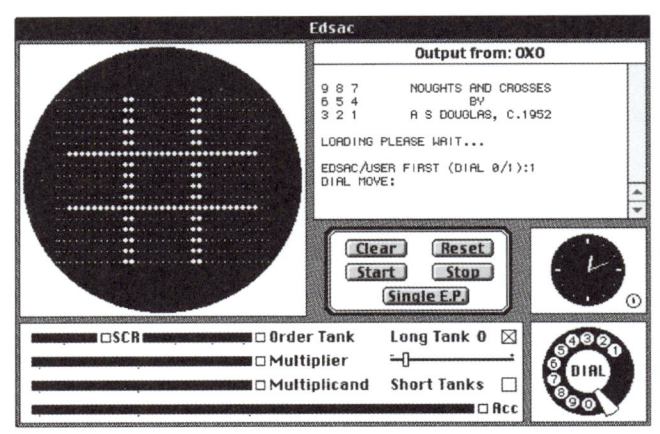

图1-2 《OXO》游戏界面

图1-3 《双人网球》游戏界面

图1-4 《太空大战》游戏界面

图1-5 《乓》游戏界面

尔·弗里德尼克·达布尼（Samuel. Frederick Dabney Jr.）创办了雅达利有限公司。两人在同年的11月29日，推出了一款投币式街机游戏《乓》（图1-5）。《乓》是一个模拟乒乓球比赛的体育类游戏，玩家能和电脑玩家或另一位人类玩家进行游戏。在此游戏中，玩家需要通过上下移动乒乓球拍来控制乒乓球的反弹（图1-6）。若玩家未能接到反弹的乒乓球，对方将得到一分。玩家在游戏中需要尽可能地接到反弹的乒乓球，并夺取高分以击败对手。此后，街机开始进入爆发式增长的时代。

美泰电子于1976年发布名为《美泰汽车竞赛》（Mattel Auto Race）的游戏掌机。玩家在三车道轨道上控制汽车，并通过开关在它们之间移动（图1-7）。对手的战车向玩家移动，效果类似于垂直滚动，玩家必须避开它们。左侧的控制装置有1～4挡的换挡设置，每个挡位的速度都不同，挡位越高速度越快。

任天堂在1980—1991年发售了一款便携式游

图1-6 《乓》街机

图1-7 美泰电子《美泰汽车竞赛》游戏掌机

图1-9 《吃豆人》游戏界面

戏机《游戏与手表》(Game & Watch)。它最为与众不同之处在于一部主机配有一款特定的游戏，这是在游戏中第一次使用液晶显示器，同时该掌机还具备时钟和闹钟功能（图1-8）。

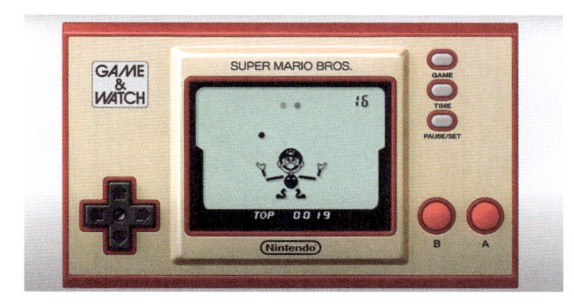

图1-8 任天堂《游戏&手表》便携式游戏机

1980年，南梦宫公司的岩谷彻设计了《吃豆人》游戏，该游戏一经推出，立刻火遍全球（图1-9）。

1984年，俄罗斯电脑工程师的阿莱克谢·帕基诺夫（Alexey Pajitnov）开发了一款风靡全球并至今仍被奉为经典的游戏《俄罗斯方块》（图1-10）。2007年，《电子游戏月刊》将此游戏列为"最伟大的100个游戏"中的第1位，多媒体和评论网站（Imagine Games Network）将其列为"最伟大的100个游戏"中的第2位。截至2021年，俄罗斯方

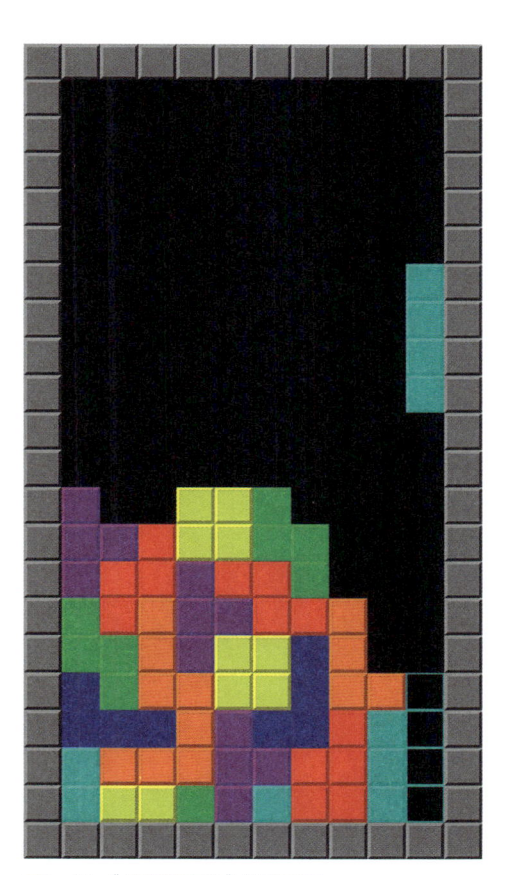

图1-10 《俄罗斯方块》游戏界面

块在各平台上以5.2亿份的总销量成为有史以来第一畅销的电子游戏。

第一章 电子游戏概述 | 005

4. 家用游戏机时代

提到家用游戏机就不得不提任天堂的FC游戏机，俗称"红白机"（NES），这款机器是当时最畅销的游戏机，全球累计销量超过6100万台。其实，家用游戏机最早可以追溯到1972年，从第一台家用游戏机的诞生至今大致可以分为八个时期。

第一代（1972—1977）：第一台商业家用游戏机"米罗华奥德赛"（Magnavox Odyssey）于1972年发布。这个时期的游戏机主要使用模拟电路来产生游戏图像，玩家需要通过附带的插图纸来改变游戏画面（图1-11）。

图1-11　第一台商业家用游戏机"米罗华奥德赛"

第二代（1976—1983）：这一时期的游戏机引入了微处理器技术，允许更复杂的游戏玩法和图形显示。其中最著名的是"雅达利2600"（Atari）和Intellivision等。这些机器使用可插拔游戏卡以为玩家带来不同的游戏体验（图1-12）。

图1-12　"雅达利2600"和Intellivision

第三代（1983—1992）：这一时期被称为游戏产业的崩溃期，由于多个因素导致市场崩溃。然而，1985年，任天堂的"红白机"重新点燃了美国游戏市场，并成为一代经典（图1-13）。其他平台如SEGA Master System也在这个时期出现。

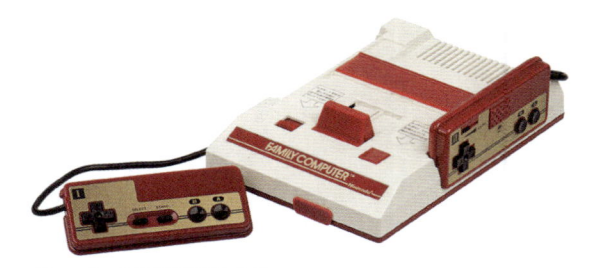

图1-13　任天堂FC游戏机

第四代（1987—1996）：这一时期标志着16位游戏机的兴起。Super Nintendo Entertainment System（SNES）和SEGA Genesis是这个时期最受欢迎的游戏机。尽管仍然有很多像素化的2D游戏，但3D效果的游戏开始出现（图1-14）。

图1-14　世嘉五代游戏机

第五代（1993—2005）：这一时期见证了3D游戏图形的崛起。索尼的PlayStation（1994）和任天堂的Nintendo 64（1996）成为当时最成功的游戏机。同时，SEGA Saturn也在市场上与之竞争。

第六代（1998—2013）：这一时期是家用游戏机市场的竞争激烈时期。索尼的PlayStation 2（2000）、任天堂的GameCube（2001）和微软的Xbox（2001）都在这个时期发布。这些游戏机推动了游戏图形和玩法的进一步发展。

第七代（2005—2017）：这一时期标志着高清游戏和在线游戏的普及。主要的游戏机包括索尼的PlayStation，任天堂的Wiie和微软的X立方体360。这些平台提供了更加逼真的图形和更丰富的多媒体功能。

第八代（2012至今）：这一时期见证了4K、8K甚至更高画质图形和虚拟现实技术的引入。

5. 在线游戏时代

1990年后，随着互联网的普及，多人在线游戏开始兴起。其中最著名的是由著名电脑游戏设计师理查德·加里奥特（Richard Garriott）开发的《网络创世纪》（Ultima Online）游戏。该游戏于1997年发布，是第一个大规模多人在线角色扮演游戏（MMORPG）。2001年，中国盛趣游戏（原名"盛大游戏"）推出了一款大型多人在线角色扮演游戏《传奇》，这款游戏对于中国的玩家来说是一段非常重要的记忆。此后，随着智能手机的普及，移动在线游戏开始迅速发展，并出现了许多受欢迎的移动在线游戏，如《愤怒的小鸟》（Angry Birds）、《皇室战争》（Clash Royale）和《和平精英》（PUBG Mobile）等。移动在线游戏的便携性和社交性质使其成为大众娱乐的重要组成部分。

二、次世代游戏简述

次世代（Next Generation），源自日本语，即下一个时代、未来的时代。次世代游戏（Next-Generation Games）是指基于最新技术和硬件平台开发的游戏，它们在图形、音效、物理模拟、人工智能、游戏性等方面展现出了显著的进步和提升。次世代游戏通常是在新一代游戏主机或高性能计算机上运行，利用先进的图形处理能力、多核处理器和大内存容量等硬件设备来实现更加逼真、沉浸式的游戏体验。一般来说，谈及次世代游戏要从两个方面详细解释：一是从游戏主机的角度去阐述次世代游戏的主流运行平台；二是从次世代游戏在开发美术制作上的流程和涉及的技术方面。

（一）游戏主机

在游戏主机市场上，有几个主要的品牌在全球范围内竞争，分别是索尼 PlayStation、微软 Xbox 和任天堂 Nintendo。以下是各游戏主机品牌的发展历史和产品特色。

1. 索尼PlayStation

索尼PlayStation是由索尼互动娱乐（Sony Interactive Entertainment）推出的游戏主机品牌。索尼PlayStation品牌的起源可以追溯到1994年，当时索尼推出了首款PlayStation游戏主机（PS1）。随后，索尼推出了PS2、PS3、PS4和PS5等多个后续机型，每一代都带来了技术和性能的飞跃（图1-15）。

PlayStation 1

PlayStation 2

PlayStation 3

PlayStation 4    PlayStation 5

图1-15 索尼PlayStation产品

2. 微软Xbox

微软Xbox是微软公司开发和推出的游戏主机品牌。Xbox主机以其强大的处理能力和先进的图形性能而闻名。微软于2001年推出了首款Xbox游戏主机，作为进军游戏市场的重要举措。随后，微软推出了Xbox 360、Xbox One和Xbox Series X/S等多个后续机型，不断提升性能和功能（图1-16）。

3. 任天堂Nintendo

任天堂是日本的一家游戏公司，也是游戏主机领域的重要品牌。任天堂的游戏主机历史可以追溯到1983年，当时他们推出了首款任天堂娱乐系统（Nintendo Entertainment System，简称NES）。NES在全球范围内取得了巨大的成功，成为家用游戏机行业的领导者。随后，任天堂推出了超级任天堂（Super Nintendo Entertainment System，简称SNES）、任天堂64（Nintendo 64）、任天堂GameCube、任天堂Wiie、任天堂Switch等多个主机（图1-17）。

Xbox

Xbox One

Xbox Series

图1-16 微软公司产品

Nintendo 64

GameCube

Wiie

Switch

图1-17 任天堂公司产品

（二）次世代游戏道具的设计制作流程（图1-18）

（1）**参考图**。游戏美术三维设计师都需要一套参考图，该套图可以详细展示设计对象的多个视角，以帮助设计师更全面地观察造型和细节。

（2）**中模阶段**。在确定了需要制作的内容和造型之后，就可以根据自己的喜好来选择三维软件进行模型的基础造型制作。该过程中只需对物体的造型进行完整制作、确定比例的协调，而不需要对局部细节完全制作到位。

（3）**高模阶段**。在前期完成所有的中模制作之后就开始对整个模型进行高模制作，一般来说在物体的转折处都会添加线段（卡线），以保证在平滑之后展现出结构的外轮廓。有些高模还需要进入Zbrush进行细节雕刻，从而达到更加真实的效果。

（4）**低模阶段**。高模的细节非常真实，但是面数太多，所以不能直接放入引擎中使用，因此需要一个面数较低的模型来代替高模在引擎中使用。这个低模对面数有着极高的要求，必须在规定的面数范围内，尽可能将模型造型制作完整，并且不能有多边面（大于4边的面均为多边面）的情况出现。

（5）**拆解UV**。UV是一种将二维纹理图像映射到三维模型表面的技术。通俗说就是将一个低模像拆盒一样，将三维立体的模型展开变成一个二维平面的过程。拆解的UV主要是供后期的材质贴图制作使用。

（6）**烘焙纹理贴图**。这个过程是将模型的细节信息转换为静态纹理，以提高渲染效率。烘焙贴图包括光照贴图（Lightmap）、法线贴图（Normal Map）、阴影贴图（Shadow Map）和环境光遮蔽贴图（Ambient Occlusion Map）等。

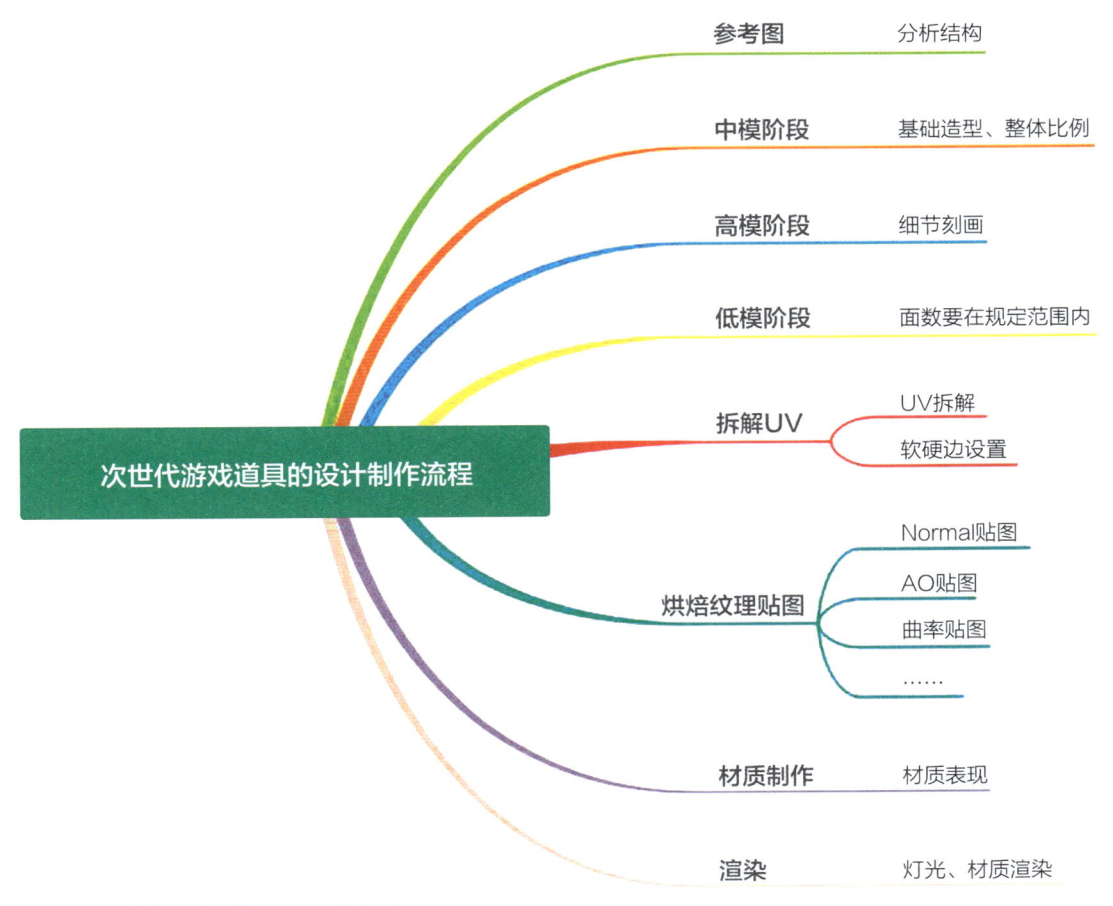

图1-18　次世代游戏道具的设计制作流程

（7）**材质制作**。步骤到此已经完成了全部进程的一半，模型制作全部完成，接下来就是非常重要的材质体现环节。这个过程需要设计师采用材质绘制软件或调用素材库中的素材，从而将模型的材质贴图制作出来。这其中包括绘制颜色贴图、法线贴图、金属度贴图、粗糙度贴图等，以赋予模型表面细节和材质效果。

第三节　游戏中的道具

一、游戏道具的分类

在游戏中，角色道具和场景道具是两种不同类型的道具，它们在用途和功能上有所区别。

（一）角色道具

角色道具指供游戏中角色使用、携带或用作装备的物品。这些道具通常与角色的能力、技能和角色发展密切相关。角色道具可以提供增强角色能力，以及改变角色外观、解锁新的技能或提供特殊效果的功能。这些道具可以提供特殊能力、增加游戏乐趣、推动故事发展或帮助玩家在游戏中取得进展。以下是一些常见的游戏道具类型。

1. **武器和装备道具**

这些道具包括各种武器（如剑、枪、弓箭）、护甲和其他战斗装备。玩家可以使用它们来增加攻击力、防御力或其他特殊技能，以在战斗中取得优势。

2. **治疗和恢复道具**

这些道具用于恢复角色的生命值、魔法值或其他资源。它们可以是药物、药瓶、食物等，玩家可以在战斗或探险中使用它们来恢复角色的能力。

3. **资源和材料道具**

这些道具包括金币、矿石、木材等资源。它们可以用于购买物品、解锁内容、升级角色或制作其他道具。

4. **钥匙和解谜道具**

在一些冒险或解谜游戏中，玩家需要收集钥匙或其他解谜道具来打开封闭的门，解锁隐藏区域或解决难题。

5. **增益道具**

这些道具可以暂时提升角色的能力或属性。例如，力量增益道具可以增加攻击力，速度增益道具可以提高移动速度，隐身道具可以使角色变得难以察觉等。

6. **任务道具**

在任务驱动的游戏中，玩家可能需要搜集特定的道具来完成任务或触发特定的事件。这些道具通常与游戏的故事和任务目标相关联。

7. **防御和护盾道具**

这些道具可以提供额外的防御或保护，减少玩家受到的伤害。它们可以是盾牌、护身符、魔法护盾等。

（二）场景道具

场景道具是指游戏场景中的物品、装饰或交互元素。这些道具用于丰富游戏的环境、创造氛围、提供互动性或推动故事情节。场景道具可以是背景元素、家具、建筑物、装饰品、物品收集、解谜物品等。它们可以被玩家观察、与之交互、移动或使用，以推动故事发展、解开谜题或获得额外的信息和奖励。以下是游戏场景中常见的道具类型。

1. **指示物和标志物**

这些道具用于指示玩家的前进方向、标记特殊位置或提供游戏信息。例如，路标、地图、指示牌、标志牌等。它们可以帮助玩家导航、了解任务目标或发现隐藏的内容。

2. **收集物品**

收集物品是玩家在游戏中需要搜集的特定道具或资源。这些物品通常分布在游戏场景中的不同位置，玩家需要探索和寻找它们。收集物品可以是隐藏的宝藏、钥匙、谜题的碎片、隐藏任务的触发器等。它们可以增加游戏的探索性和挑战性，也可以用来解锁奖励或解决游戏中的难题。

3. **互动物品**

互动物品是玩家可以与其交互的道具。玩家可以使用、移动、操作或改变这些物品。例如，推动箱子、拉动杆、触发开关、旋转机关等。互动物品可以用来解谜、触发事件或改变游戏场景的状态。

4. 装饰和环境物品

这些道具用于装饰游戏场景，创造特定的氛围和环境。它们可以是家具、植物、装饰品、雕塑等。装饰品和环境物品可以使场景更具视觉吸引力，增加游戏的沉浸感和真实感。

5. 辅助道具

辅助道具是玩家在场景中获取的帮助工具，用于解决难题、克服障碍或获得额外的能力。例如，绳索、望远镜、照明工具等。这些道具可以为玩家提供额外的功能或技能，帮助玩家在游戏场景中取得进展。

二、游戏道具的意义

游戏中的道具有多种意义，它们为游戏体验和玩法提供了重要的功能性。它们不仅作为游戏中的物品来存在，也为玩家提供了目标、选择、战略和乐趣。通过道具的设计和运用，游戏开发者能够创造出更具吸引力的游戏体验，让玩家更加投入和享受游戏的过程，这些意义主要包含以下几点。

（1）**提供游戏进展和目标**。道具可以用来实现游戏的主要目标，或成为推动游戏进展的关键要素。玩家需要收集特定的道具来解锁新的区域、触发事件或完成任务。这样的设定使得游戏具有明确的目标和方向，这也增加了游戏的挑战性和吸引力。

（2）**增加战略性和选择性**。道具可以为玩家提供不同的选择和战略，让他们在游戏中制定策略和决策。不同类型的道具可以具备不同的功能和效果，玩家可以根据自己的游戏风格和目标来选择使用哪些道具。这种战略性的设计使得玩家可以根据不同的情况和需求来选择合适的道具，这也增加了游戏的深度和变化性。

（3）**提供增强能力和技能**。道具可以为玩家的角色提供额外的能力、技能或属性增益。例如，武器道具可以提高攻击力，防具道具可以增加防御力，药剂道具可以恢复生命值。这些道具的使用使得角色在战斗中更加强大，增加了游戏的刺激度和乐趣。

（4）**深化游戏体验和沉浸感**。道具的存在可以丰富游戏的世界观和背景故事。它们可以为游戏场景提供更多的细节和交互性，让玩家更加沉浸在游戏的虚拟世界中。道具的设计和功能与游戏的主题、故事情节和角色背景相呼应，增强了游戏的氛围和情感连接。

（5）**增加探索和解谜的乐趣**。道具的隐藏和发现可以成为游戏中的重要探索和解谜元素。玩家需要仔细观察和搜索游戏场景，以发现并收集隐藏的道具。这种探索的乐趣激发了玩家的好奇心和挑战欲望，同时也促进了游戏的回放价值和持久性。

第四节　课程任务实施

任务布置

游戏道具的概念及制作流程

任务组织

（1）课堂实训：学习电子游戏理论知识并绘制出次世代游戏道具制作流程图。

（2）课后训练：搜集游戏相关资料，对其中道具的各个属性进行分析和探讨。

任务分析

1. 课堂训练任务分析

分小组讨论电子游戏中道具的特点。

2. 课后作业任务分析

（1）结合理论知识，理解游戏中道具的各种功能、使用效果以及表现方式。

（2）对游戏中出现的虚构道具进行拓展性的思考。

任务准备

结合游戏相关的理论知识，根据风格和功能进行分类。

任务要求

（1）课堂训练采用讨论的方式进行。

（2）课后训练使用演示文稿介绍不同类型道具的功能和作用。

本章总结

本章主要了解电子游戏的发展历程，着重讲述游戏道具在游戏中所包含的意义和重要性，使学习者能够清晰地了解次世代游戏道具制作的理论流程。

课后作业

搜集不同风格（至少10款）的次世代游戏，对游戏中展示的角色道具、场景道具的功能、材质、造型等要素点进行分析讨论。

思考拓展

游戏中道具有很多种类型，是否有场景类型的道具转化成角色贴身道具的？或者角色道具随着游戏剧情的推进转化成场景道具的案例。结合多种类型的游戏，谈谈自己的看法。

课程资源链接

课件

第二章　道具模型制作基础

第一节　如何制作道具

　　三维软件操作是学习游戏道具制作的前提与基础，系统地学习软件操作并且能够掌握住良好的操作习惯是制作出符合游戏设计行业标准道具的重要因素。依据三个案例，选用Maya三维建模软件，学习如何根据参考图选定制作方案和操作技巧是本章节的任务核心。

　　知识目标
（1）了解三维软件制作模型的流程。
（2）熟悉不同道具的造型特点及模型制作要求。
（3）理解三维模型制作的思路。

　　能力目标
（1）具备熟练使用Maya软件制作模型的能力。
（2）具备曲面、异形结构模型表现的能力。

第二节　软件技能学习

一、学习操作与技法

（一）软件介绍

　　Maya是一款由Autodesk软件公司开发的三维计算机图形软件，也是一款功能强大且广泛应用于电影、游戏和视觉效果产业的三维计算机图形软件。Maya提供了强大的工具和功能，使设计师能够创建复杂而逼真的三维图形和动画。这款软件的功能主要涵盖建模、动画、渲染、粒子和动力学模拟、渲染器和插件支持、编辑器和脚本6大模块。

（二）用户界面（资源链接　视频：界面讲解）

　　Maya是一个结构和内容量非常庞大的软件，这就使得整个软件看起来十分复杂，命令也非常多。与计算机专业不同，我们不需要对整个软件的每一个命令都完全掌握，只需认识软件的基础界面，以及制作游戏道具模型所涉及的命令操作。Maya的工作界面包含14个区域，每一个区域都有其独特的功能。软件窗口界面介绍可在配套视频中查看。

（三）视图以及文件的保存（资源链接　视频：视图讲解以及文件保存方式）

1. 视图

　　在三维的世界中创造一个物体，就必须要有几个恒定的视图以方便确定模型的造型。Maya中的视图被称为顶视图（top）、前视图（front）、侧视图（side）、自由视角视图（persp）。这几个视图均由软件中固定的摄影机来体现不同视角。软件可以随时调用四视图、二视图、单独视图和大纲视图以便设计师观察。

　　如何快速打开几个视图是使用三维软件需要掌握的快捷操作命令。在中间的工作区域内，点击键盘上的空格键可以开启四视图模型，然后将鼠标放在某个视图中再次点击空格键，可将该视图最大化显示，点击"四视图"之下的"两视图"可以让操作界面分为两个界面显示，可通过鼠标调整中间的边界来操控两个视图的大小（图2-1）。

　　在面板布局栏中，从上到下依次的命令是：自由视角透视图、四视图、两视图、大纲视图。其中大纲视图对于模型制作来说非常重要。很多用户开始都会忽视这个内容，只想着在三维世界中将模

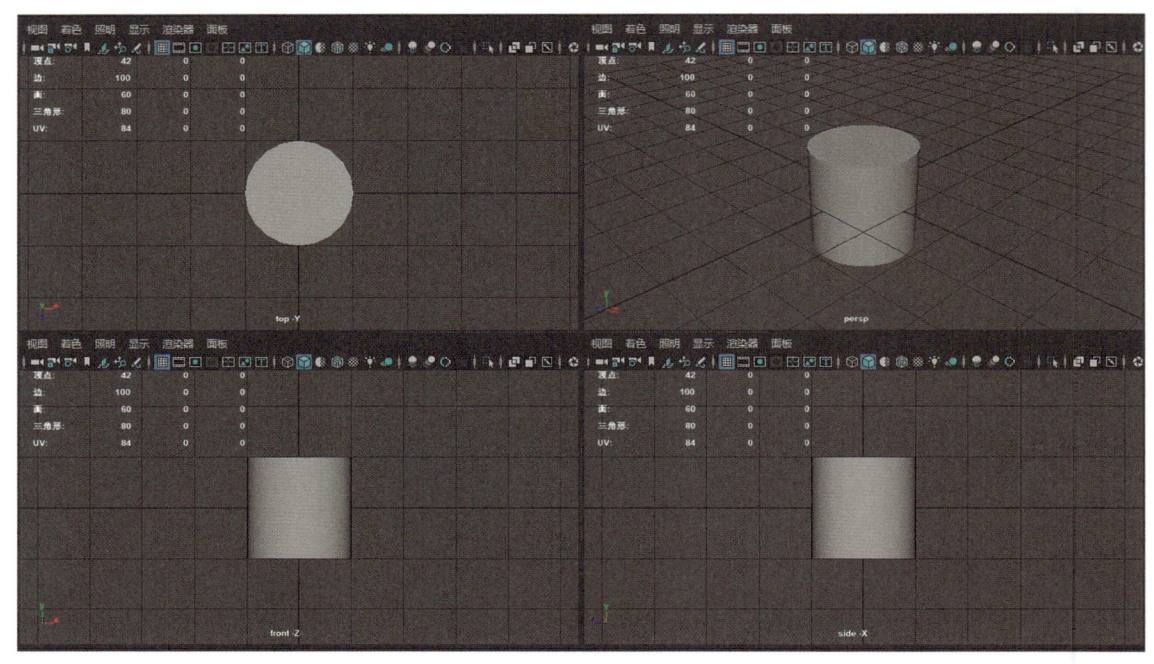

图2-1 Maya四视图

型做好即可,殊不知在创造三维模型时,会伴随出现很多历史信息甚至是无用的文件,并始终难以发现。在游戏行业中,当提交文件时,项目组长都会检查文件的内容。这时,大纲视图的作用将会体现出来(图2-2)。可以通过点击大纲视图来选取目标模型,也可以通过大纲视图来了解该模型的层级关系及其命名,并且能够清晰地找到是否有无用的文件混入其中。

2. 文件的"保存"与"另存为"

三维软件由于自身文件的巨大体量经常会发生文件崩溃的情况,必须随时"保存"以防止文件丢失。"保存"的快捷键为"Ctrl+S",用以保存当前文件以及操作。Maya的常用储存格式为"MA"以及"MB"格式。

"另存为"的快捷键为"Ctrl+Shift+S",用以保存当前文件以及操作,并将其复制一份储存在新的路径。此外,还可以通过"项目窗口"来设置项目的专门文件夹来存储文件(图2-3)。

(四)物体操作及显示方式(资源链接 视频:世界与物体的移动、旋转、缩放)

三维世界的移动、旋转、缩放等操作

旋转: Alt + 鼠标左键。

图2-2 大纲视图

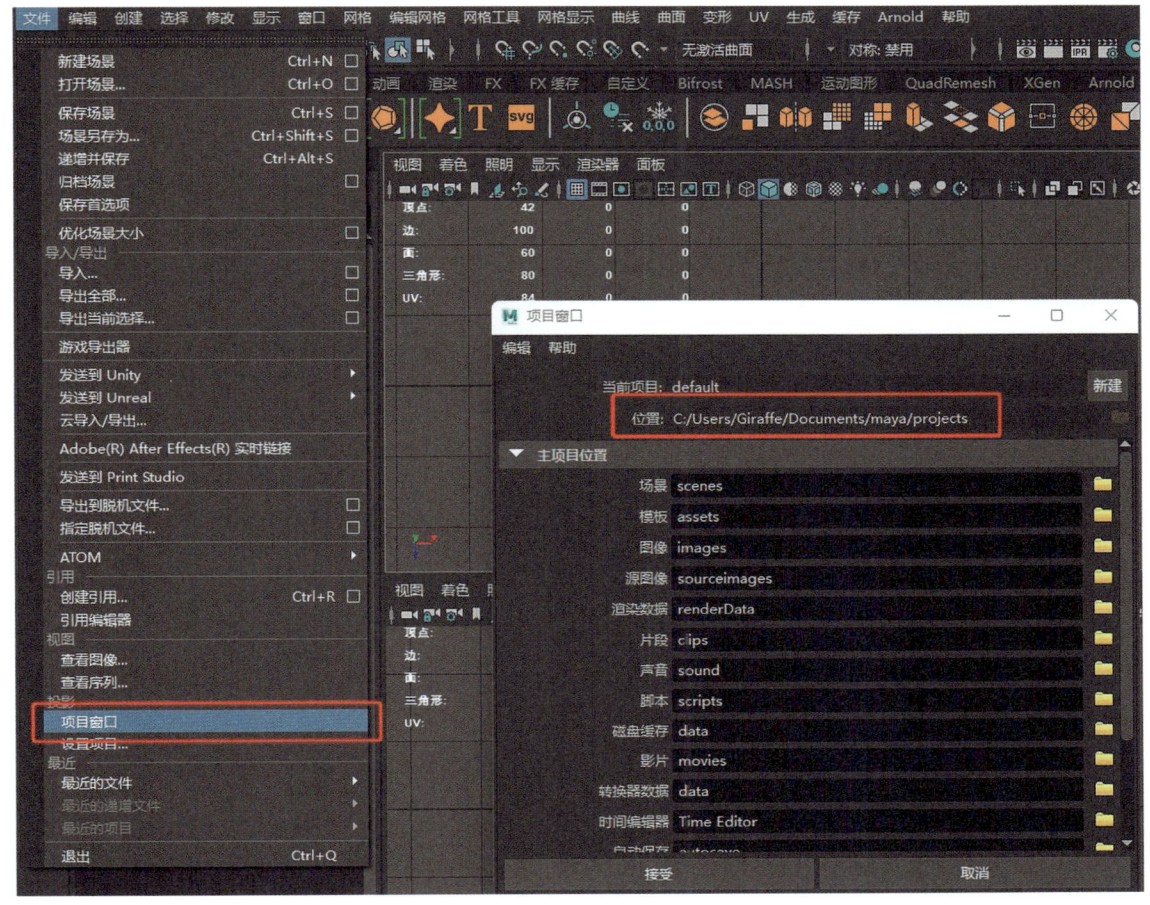

图2-3 设置项目文件夹

缩放： Alt + 鼠标右键；或者鼠标滚轮滚动。
平移： Alt + 鼠标中键。
模型的移动、旋转、缩放等操作

在Maya中可点击左侧的工具箱中相对应的按键进行操作，与此同时Maya也设置有对应的快捷键。

在三维软件中移动，旋转包括缩放都是根据X（红色）、Y（绿色）、Z（蓝色）方向来进行的，在其呼出的轴心以及旋转轴除了对应的方向之外还有一个中心点，一般都是黄色的标志（图2-4）。

操作时，一般会针对模型的某个轴向进行移动以及旋转，并不会直接点击移动以及旋转后呼出的

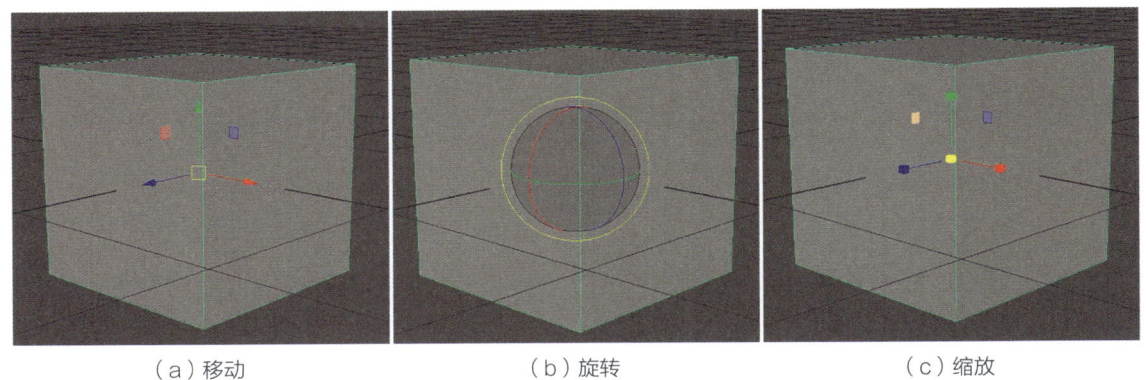

（a）移动　　　　　　　　　（b）旋转　　　　　　　　　（c）缩放

图2-4 移动、旋转、缩放

第二章 道具模型制作基础 | 015

中心点来操作，只有在对模型进行缩放操作时会使用缩放的中心点来进行模型整体操作。而且当对模型进行移动、缩放、旋转等操作的同时，右侧通道盒中的所有参数都会根据调整而改变。

模型在Maya中有多种显示的方式，其中包括面模式（快捷键：键盘5）、纯线框模式（快捷键：键盘4）、线面同时显示、平滑处理后模式（快捷键：键盘3）、平滑处理后的线框与平滑之前的线框同时显示（快捷键：键盘2）、默认显示方式，撤销平滑显示（快捷键：键盘1）。

（五）创建基础模型的三种方式（资源链接

视频：创建基础模型以及修改坐标轴）

Maya中创建模型的方式有很多，作为生成Polygon（多边形基本体）模型的方式大致上分为三种。

（1）**Create菜单栏**。在菜单栏中，找到"创建"中的多边形基本体，在子菜单中找到需要的基本模型，点击之后就会在三维的世界中心生成。

（2）**工具架**。在工具架上，最左侧的多边形建模栏中，有一些比较常用的基本模型，鼠标点击之后就会生成出来。

（3）**快捷键的方式**。按住Shift + 鼠标右键，拖动鼠标放置在需要的图标上松开即可生成模型。

技巧：shift+右键时不用将鼠标放在菜单按钮内，只要灰色的连线朝向按钮或者划过按钮，都可以选中。这样就可以快速拖拽，甚至可以不用等菜单弹出，只需要一个手势即可。

（六）坐标轴信息及模型参数修改

从创建模型开始，三维坐标轴即在物体的中心位置，有时用户需要对坐标轴进行位置修改甚至是想要吸附到模型中某一个点上，那么就需要对此进行修改。

按住D键移动坐标轴，就可以将坐标轴任意移动到任意位置。有时需要将坐标轴固定在模型本身或者其他模型的一个点上，按住D+V之后鼠标可以移动其吸附在任意的模型顶点上。有时需要将坐标轴回归到模型的中心，需要点击菜单栏"修改"下的"居中枢轴"，坐标轴就会变到模型的中心位置。

模型的参数修改有两种方式。一种是在创建时就提前设置，在创建中点击基本模型右侧的小方格，点击之后就会出现一个初始参数的面板（图2-5）。例如，新建一个立方体，里面包含立方体的大小以及分段的参数，当设置好之后点击创建即可。

另一种是创建后设置。点击右上角的通道盒图标，打开它，在选中模型的前提下，点击输入下面相对应的模型名称，即可展开菜单，看到参数并修改（图2-6）。

图2-5 创建时设置参数

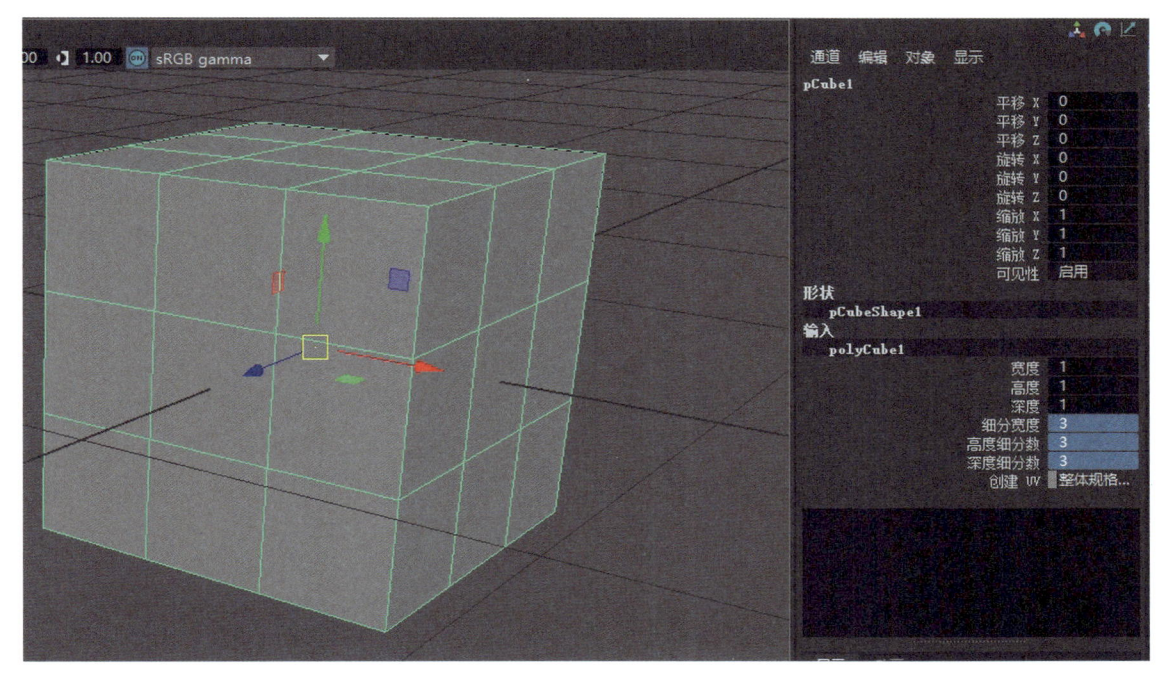

图2-6 创建后再设置

二、物体组合与修改

（一）模型组合与拆解（资源链接 视频：物体组合方式以及物体修改方式）

Maya中模型的组合方式有打组、父子集、结合、布尔运算等。这几种组合的方式应根据项目的需要合理运用。需要注意的是，前三种都可以反向操作即任意时候可以撤销，而布尔运算的方式则不可逆。

（1）**打组**。该操作的逻辑是将几个模型通过"打组"的方式将它们变成一个组合，操作结束后我们可以在大纲视图中看到一个被命名为"group"的组。点开它会发现之前模型都属于这个组合（图2-7）。需要注意的是，当点击大纲视图中的"group"，则整个组的模型被选中，可以将其看作一个独立模型，并且能够执行移动、旋转、缩放等

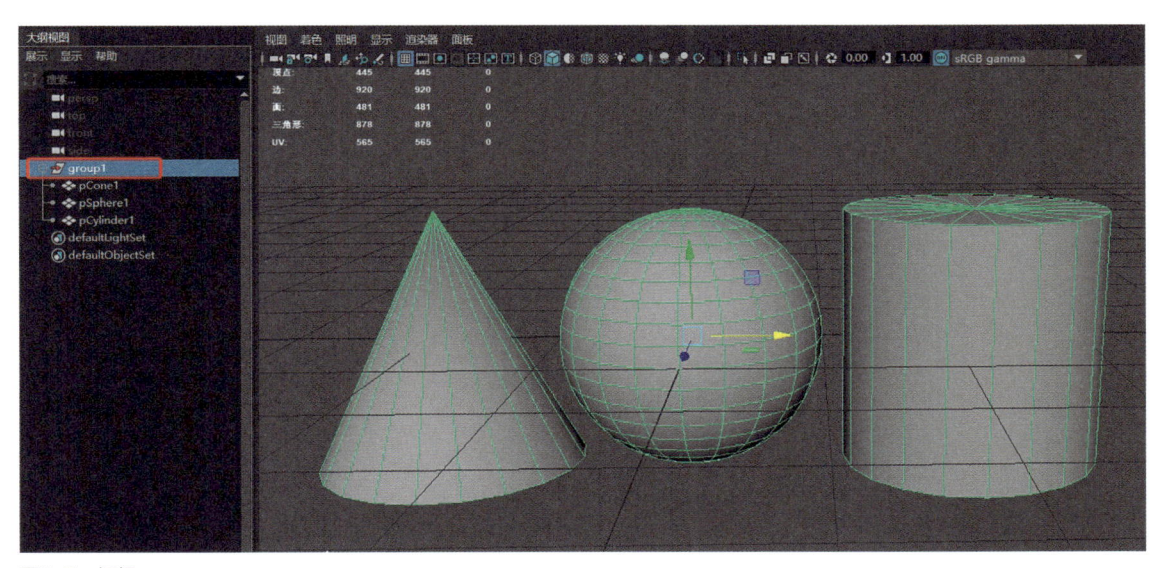

图2-7 打组

命令。但是单独点击其中一个模型是不可以变成整组操作的。如果想要将这个组解散只需要在大纲视图中依次点击组下面的模型名称，鼠标中键将其移动至组外即可完成解组的操作。

（2）**父子集**。该操作与"打组"非常类似，将一个模型作为父级，其余的模型在大纲视图中移动至父级的模型上，移动的这个模型将变成父级的子级。依次类推将别的模型放置在父级下或其他子集下。在大纲视图中看起来非常像打组，但是它没有"group"，只有单独的模型（图2-8）。在视图面板中点击父级的模型则整个集合都会被选中，这就是与打组最大的区别。解开父子集关系的操作与打组相同，则不再赘述。

（3）**结合**。该形式类似打组的加强版，结合完毕之后在视图面板中点击任意的其中一个模型则所有结合体都会被选中。操作方式是选中需要结合的模型，"Shift"+鼠标右击，在出现的选项中点击"结合"即可将这些模型变成一个整体（图2-9）。若需要解开还是相同的操作，在出现的选项中点击"分离"，这些模型即可分开。

（4）**布尔运算**。该合并方式可以简单地理解成将两个模型焊接在一起永远不能分开。此操作在一般模型设计的过程中并不常用，原因在于使用此操作会影响模型的布线。游戏模型的面数不可大于4边面，所以必须要在布线合理的前提下才使用这个操作。

将需要结合的模型选中，跟上述结合的方式

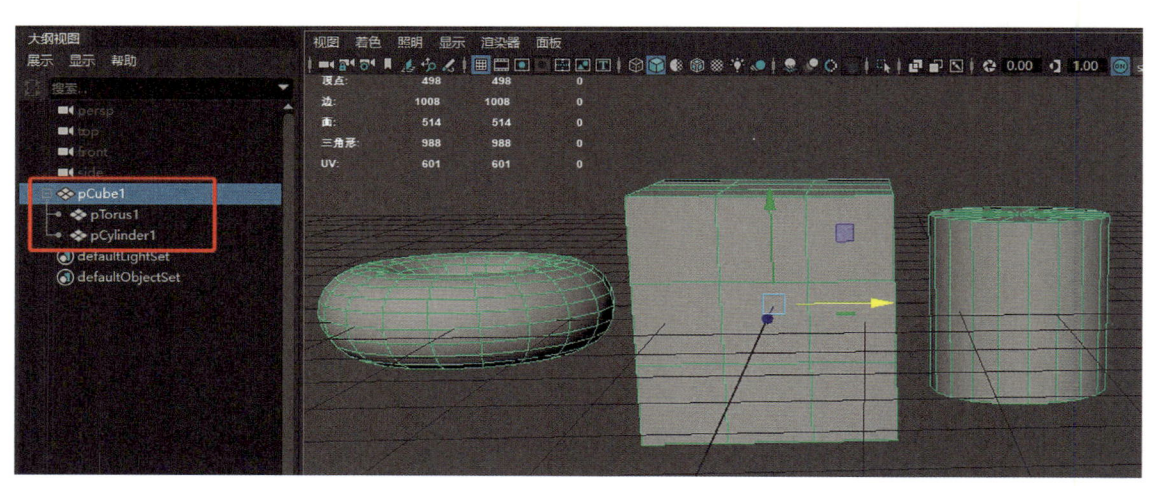

图2-8 父子集

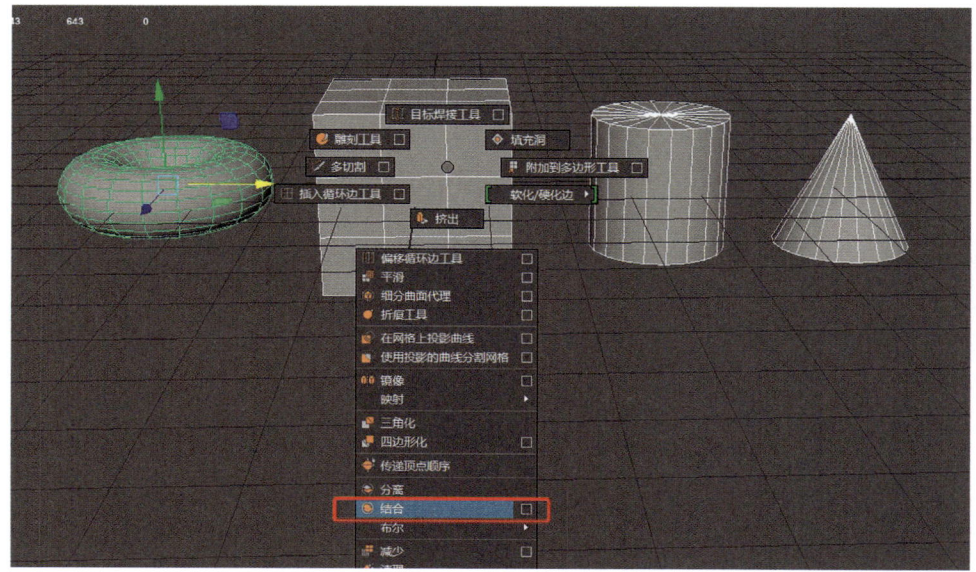

图2-9 结合

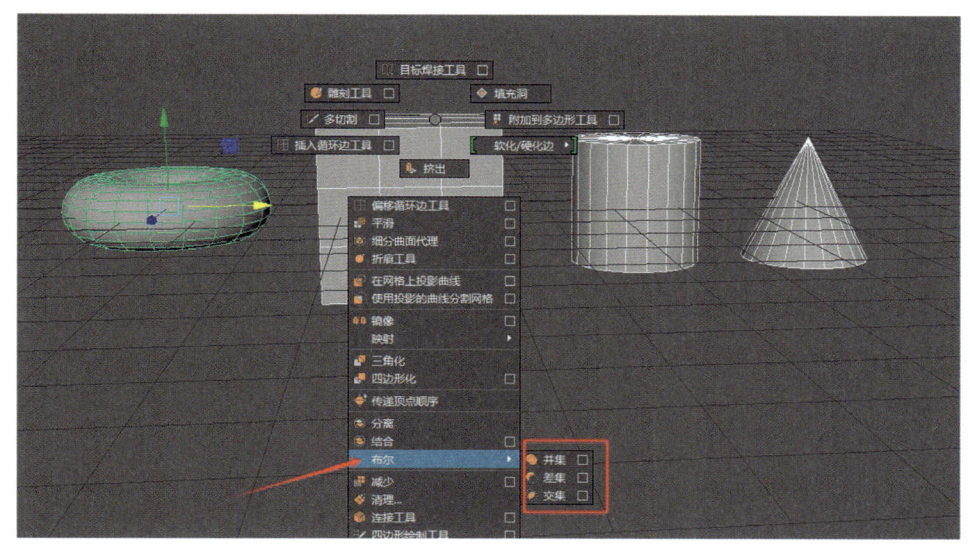

图2-10 布尔运算

一样，在出现的选项中点击"布尔运算"，其子级别的选项中包含"并集""差集""交集"三个选项（图2-10）。

点击"并集"选项，会发现两个模型合并在一起，并且两个模型相交的区域也被删除了；点击"差集"选项，后选的模型部分会被减去；点击"交集"选项，视图中只会留下两个模型相交的部分。

（二）造型修改

游戏模型一般来说都是多边形基本体（polygon），所有复杂的结构和造型都是在最简单的基本体上通过对点、线、面的修改，以及合并或布尔运算等方式得到的。所以用户最需要掌握的基础修改命令就是对点、线、面的修改。选中模型，鼠标右击就会弹出一个菜单，其中包含顶点、边、面、顶点面、对象模式等选项（图2-11）。

（1）**顶点：** 表示选择顶点（快捷键F9）。

（2）**边：** 表示选择边（快捷键F10）。

（3）**面：** 表示选择面（快捷键F11）。

（4）**多重：** 表示点、线、面、同时选择（快捷键Ctrl+Tab）。

（5）**对象模式：** 表示选择整体模型，也是默认的选择方式，在编辑完点或线等操作方式后选择它可以让模型变回原来的状态（快捷键F8）。

（6）**顶点面：** 选择此命令会自动将模型分解开，用来查看模型的结构，只有查看的作用而无法

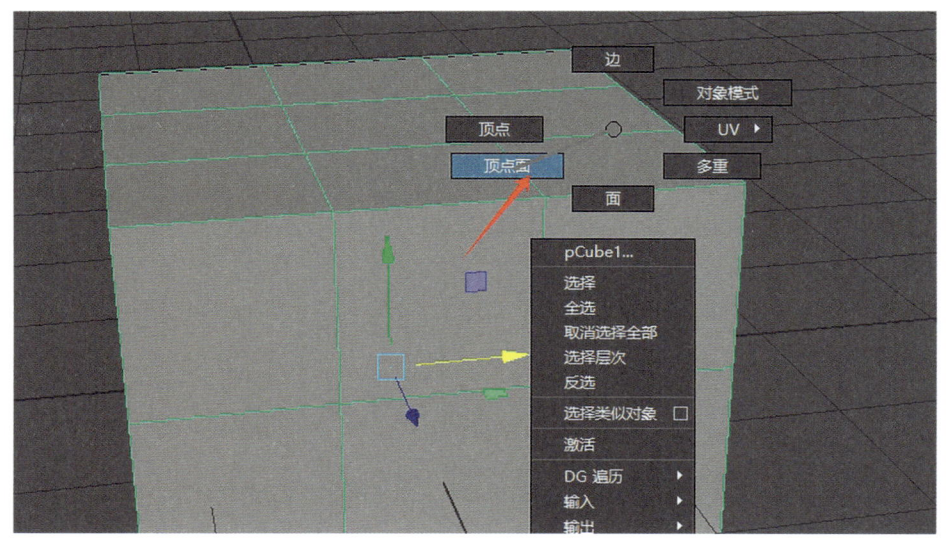

图2-11 点线面选择

第二章 道具模型制作基础 | 019

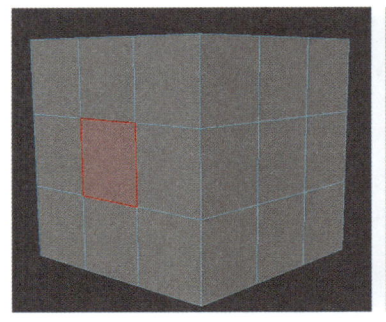

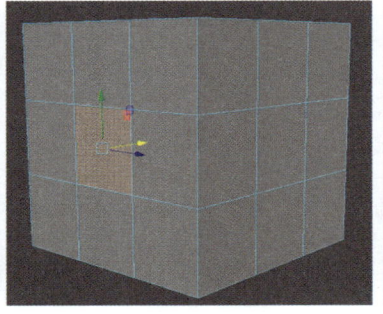

图2-12 鼠标放置再面上　　　图2-13 选中其中一个面　　　图2-14 顶点面显示

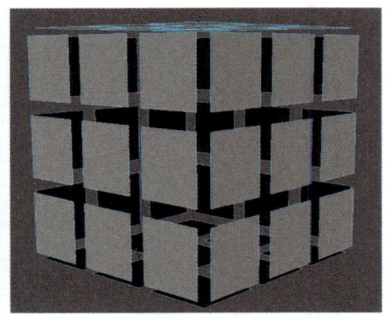

编辑。其最大的作用就是可以观察模型中是否有多线、多点的问题。这是在初期建模阶段经常使用的命令。

以选择"面"的操作命令为案例。当鼠标放在某个面上的时候，该面就会变红色（2-12）。被选中的面就会变橙色（图2-13）。当点击"顶点面"的操作命令的时候，整个模型就会呈现出分解成数个面的效果图（2-14）。

三、经典案例的解析

（一）标准衣柜设计制作（资源链接　视频：衣柜）

此案例涉及的知识非常基础，非常适合第一次接触三维设计软件Maya的学习者作为第一个实际操作案例。案例涉及对基础模型的改变、吸附等简单的命令。

1. 了解案例中的结构

对于模型制作来说，最重要的是在第一次接触到项目时，静下心来对模型进行拆解，这个过程至关重要，这将影响整个项目制作的思维逻辑。

首先，观察该衣柜。它其实类似于一个非常大的长方体盒子，此盒子中包含了几个区域。其中左侧和右侧稍窄些，中间偏宽。其中右侧被分割成5个空间，其余则都被分为3个空间（图2-15）。

这个模型制作的思路就是先根据图片所提供的真实尺寸制作一个衣柜整体的盒子，在大的盒子中再做空间的分割。之后像拼接家具一样，制作几个板材，通过板材模型与模型的拼接最终搭建出衣柜的模型。这样的方式是为了确保整个模型的尺寸和比例能够把控。

2. 主体框架

根据图2-16中的尺寸标识，新建一个立方体，选中立方体后使用快捷键"Ctrl+T"将模型变成可编辑模式。在相对应的长、宽、高中输入正确的数值就可以得到柜子的底板。

新建一个立方体，继续修改参数得到一个侧板。为了保证侧板能够完美地贴合在底板的边上，可以使用吸附命令。首先将侧板的坐标轴改在内部的一个顶点上，其次直接按住"V"键可以将这个位于顶点的坐标轴吸附在底板相对应的点上（图2-17）。由于另一侧的板材与之相同，只需要对已经做好的板材进行复制即可。选择侧板，"Ctrl+D"将得到一个被复制出来的模型，该模型与本体在同一位置上，所以需要选择其中之一将其移动出来。之后运用上述相同的办法修改坐标轴的

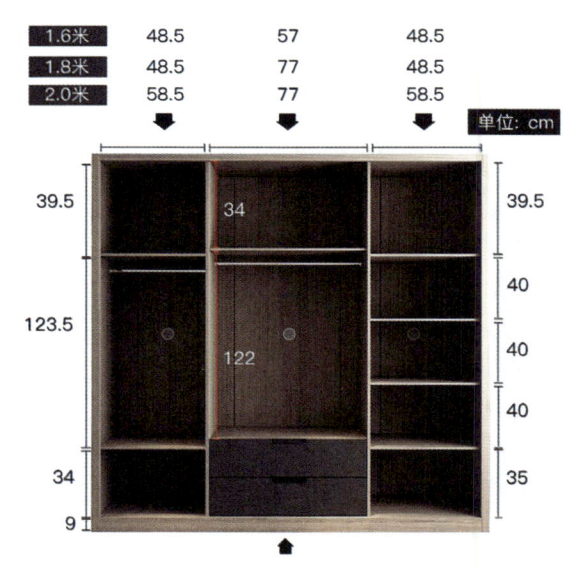

				单位：cm
1.6米	48.5	57	48.5	
1.8米	48.5	77	48.5	
2.0米	58.5	77	58.5	

抽屉内部大小：71.5 × 34 × 10.5

图2-15 衣柜布局

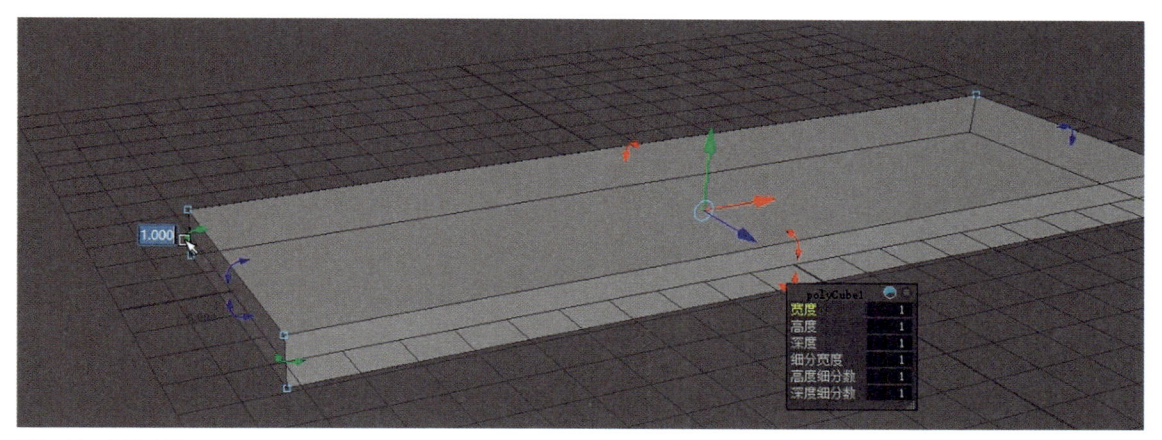

图2-16　柜子底板

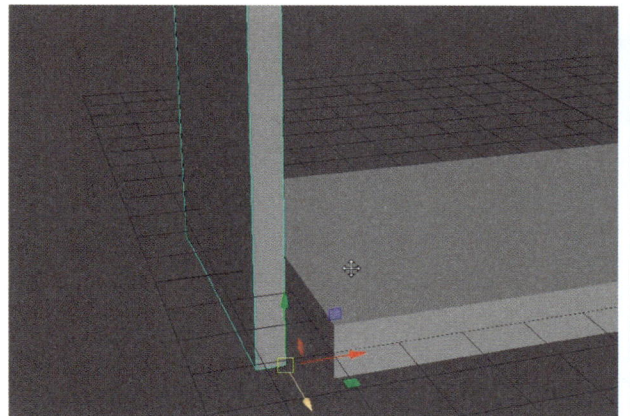

图2-17　侧板吸附底板

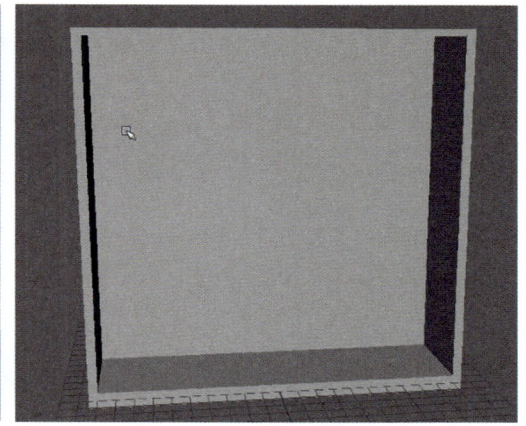

图2-18　衣柜整体框架

位置再吸附在另一侧的底板上，同时继续制作顶板和背板，最终得到衣柜的大框架（图2-18）。

3. 分割三块区域

衣柜的左、中、右三个区域有非常明确的尺寸标识。这里的制作思路是制作一个小方块，方块的长度是三个区域内部的宽度，通过对内部面板及小方块的吸附方式就能将内部的结构按照参考图的尺寸排列开。

4. 隔层

由于内部隔层板的厚度均为统一尺寸，所以可以通过复制其中一个竖隔板并将其旋转90°再调整长度的方法来制作柜子内部的横隔板。其余的横隔板也是通过复制移动到正确位置的方式来实现。

5. 抽屉面板

抽屉位于中间隔断的最下面一层，这个空间包括了两个抽屉。从参考图中可以看到两个同样大小的抽屉，也就是说这个空间中高度的面被平均分成上下两个相等的面。基于此，可以先在侧板上加线，变成与下面空间相同高度的面，在这个面上再平均分成两个相同的面。平均分面的操作是选中这个面垂直的一条线，选中之后按住"Ctrl+鼠标右键"，在弹出的选项中选择"环形边工具"后会跳转到二级菜单，再选择"到环形边并分割"就可以得到平均分割的一个面了（图2-19）。

复制上面的一块横隔断板模型，将坐标轴修改至边角顶点，吸附之前侧板添加的线，这样使得抽屉的面板与侧板和上隔断板的模型保证严丝合缝。底部的面也是选择面，用吸附的方式将下面与此前添加的中段线吸附得到一个上面抽屉的面板（图2-20）。

仔细观察参考图，抽屉面板的中间顶部有一个凹面的拉手，也就是需要在面板顶部中心的位置向内挖一个凹槽。首先将面板中间插入一条线，将其分割成左右两个面，然后手动添加两条线。在选中

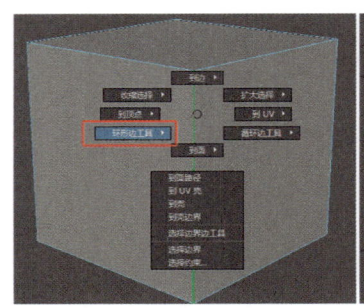

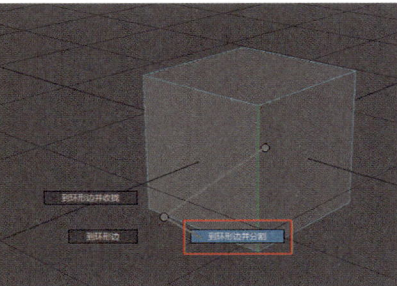

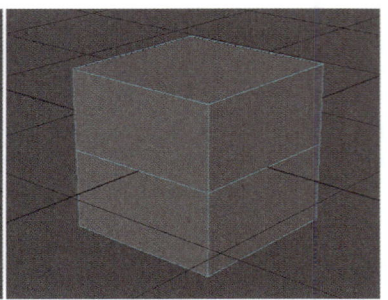

图2-19 添加等分循环线

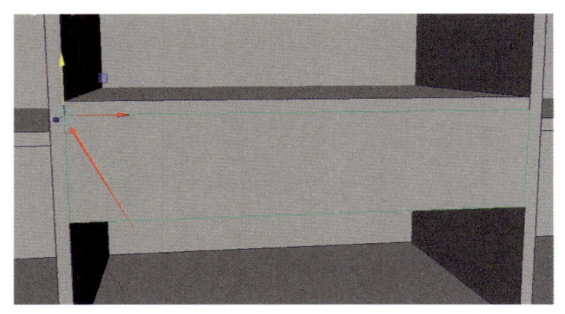

图2-20 抽屉面板吸附

模型的情况下,按"Shift+鼠标右键"后在跳出的选项中选择"插入循环边工具",此后根据参考图的位置点击鼠标左键添加线条(图2-21)。这个面板是左右完全一致的,可以单独做一侧,然后复制这一侧的面,变成两侧完全一样的效果。故此,可以提前删掉一侧的面,只对其中一侧进行操作。因为最终目的是做成凹面的效果,所以此时可以使用反向思维,将不需要凹进去的面全部选中,通过快捷键"Shift+鼠标右键"在弹出的菜单中选中"挤出面"命令,然后移动轴将挤出的面往外拉伸,被选中的面变为往外凸的面,而没被选中的中间面变成了内部凹陷的效果(图2-22)。

6. 衣柜门板

衣柜门板的制作方法与横隔板和抽屉的方法基本一致,通过复制隔板,使用"吸附"命令将面板

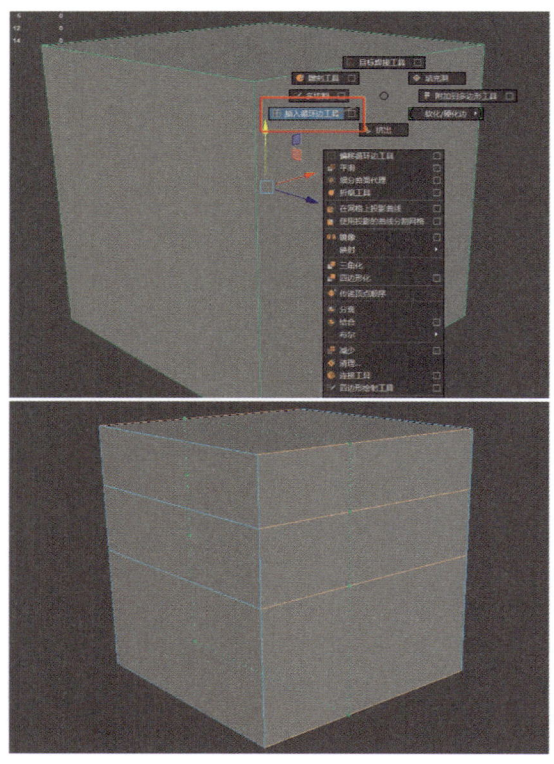

图2-21 添加任意循环线

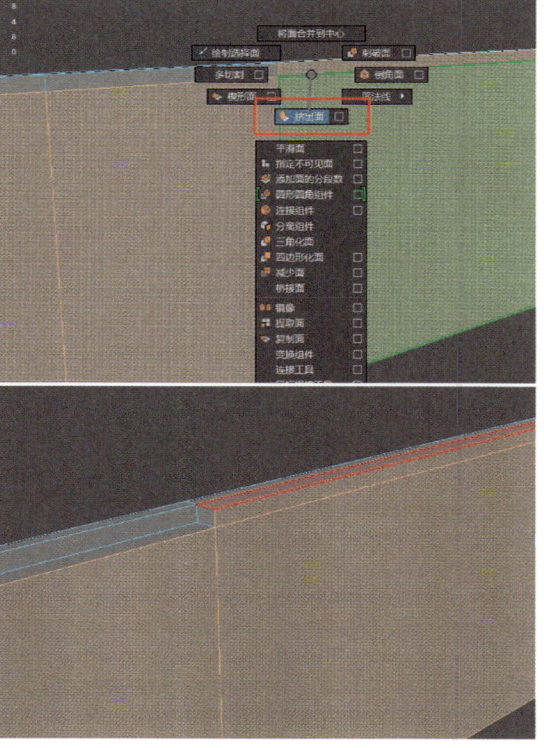

图2-22 挤出面

完美地吸附在柜子上。至此，衣柜的制作步骤完成（图2-23）。

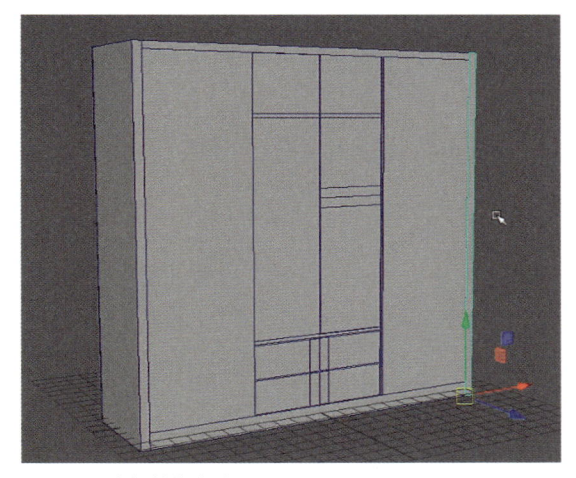

图2-23　衣柜整体造型

（二）匕首设计制作

本案例是游戏中非常典型的小型道具，是游戏中主角或者其他NPC经常使用的随身武器道具。其中涉及匕首异形结构的造型、刀柄与刀刃的变形、基础的Maya软件自带材质及简单渲染。此类小型的道具模型制作是所有初学者学习游戏美术的必经之路。

1. 项目准备

本案例中，在网络上可以找到很多匕首版本，从中选定一个难度适中的版本进行制作。但是由于该版本的参考图并不清晰，且图片拍摄的角度不太适合，所以需要对其进行手动调整以得到最终参考图。

调整参考图。首先，将此图导入至Photoshop中旋转图片，将整个匕首水平放置，方便后续的模型制作（图2-24）。

（1）Maya导入图片。打开软件后切换到前视图（front）并在其面板中找到左上角的"视图"，点击之后鼠标放置在"图像平面"上，在弹出的菜单中选择"导入图像"。此后就从电脑的参考图片储存的位置上选中之后点击"打开"，此时图片文件被导入三维世界的最中央（图2-25）。可选定此图片，对其使用缩放命令，将其缩放至合适的大小。

（2）图片锁定。为防止后续模型制作阶段误触图片，需要将此图片锁定。首先在图层编辑器中点击倒数第四个图标，可以新建一个图层。选中图片后在图层上右击后点击"添加选定对象"，此时参考图就被添加至图层中了。继续点击箭头所指方向，由空白点至"R"，此时该图层就被锁定，后期将不会被选中（图2-26）。

2. 匕首大型制作（资源链接　视频：KUkri1）

（1）刀身部分。将视图继续切换至前视图，使用基本立方体来作为刀身的基础模型。选中此立方体进入顶点编辑的模式，将点调至刀的顶部和最后部分。继续在此造型的基础上添加段数，此时添加的段数最好使用平均切割的方式来添加，然后调整顶点的位置，让整个刀身贴近于参考图中的弧度（图2-27）。需要注意的是，后面一个角不需要完全按照平均切割的方式布线，可以在结构转折处多添加一些线段。

（2）刀刃部分。在刀刃部分插入一条循环线，

图2-24　匕首参考图

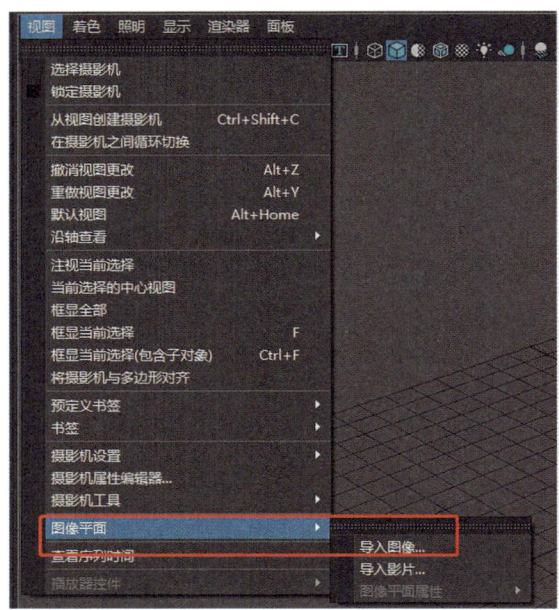

图2-25　Maya导入参考图

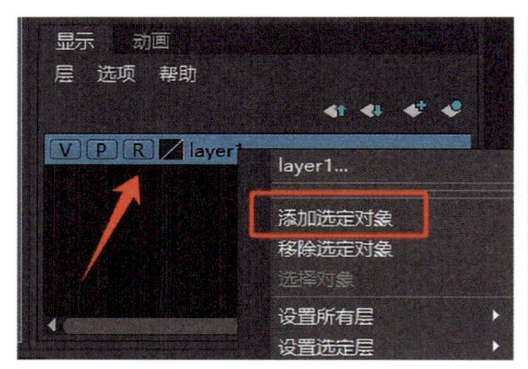

图2-26　参考图放置图层并锁定

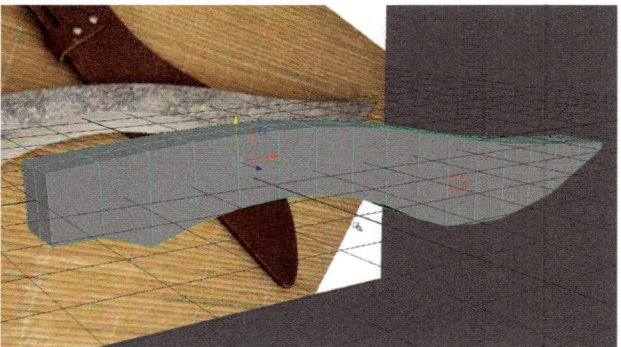

图2-27　刀身部分大型

该循环线暂时可以不用考虑是否与刀刃部分完全重合，因为整个造型是手动调点得到的，所以难免会有完全重合的地方，此后还需要重新连线或者调点得到与参考图一致的结构（图2-28）。

需要注意的是，编辑线段（手动切线或连线）的操作是在选中模型的情况下，在"Shift+鼠标右击"弹出菜单中选择"多切割"，而后鼠标就可以在模型任意的线段上进行加线（图2-29）。

（3）刀柄。在制作刀柄时通常会考虑使用圆柱，此种做法虽不算错误，但并非最佳。从制作的角度来说，制作物体大型时需要更少的面数才能方便调整。故此，作者还采用立方体的基础模型，通过加线及倒角等方式将刀柄制作得圆润。在加线时

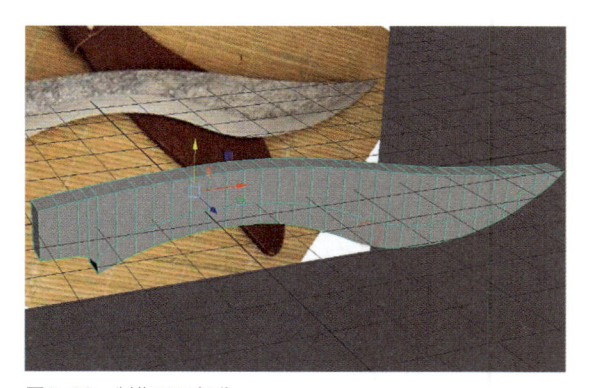

图2-28　制作刀刃部分

需要将刀柄上三个不同颜色圆环的边界线同时设置好（图2-30）。

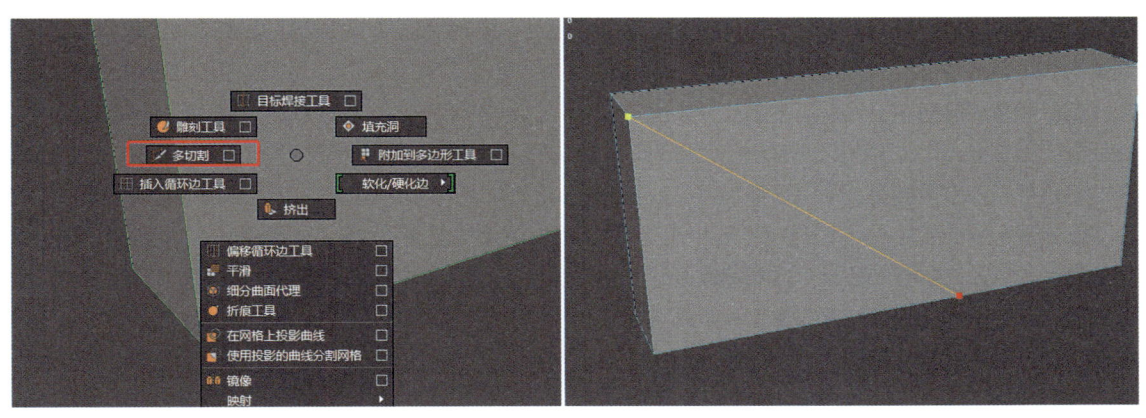

图2-29 刀刃部分重新布线

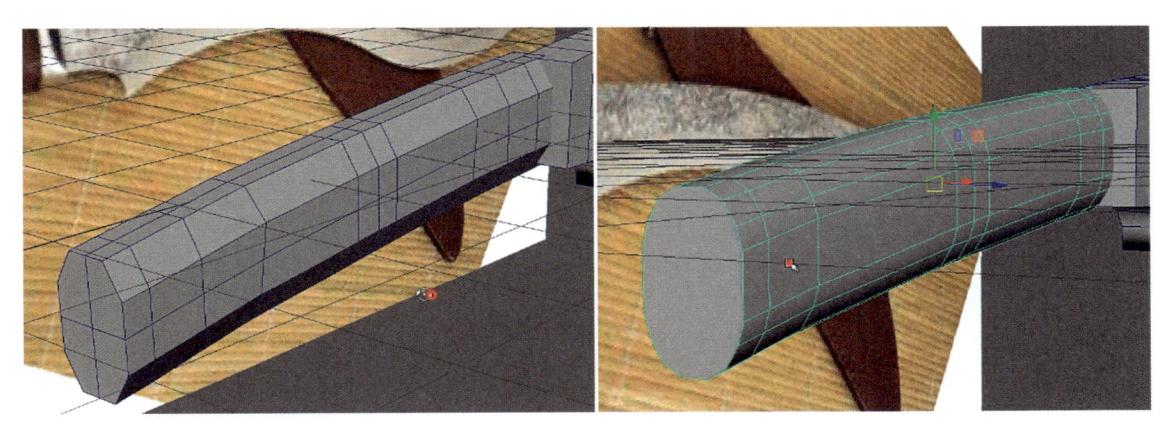

图2-30 制作刀柄

3. 匕首模型细化

（1）刀身部分（ 资源链接　视频：KUkri2刀身）

此时需要对刀刃下面所有的点进行合并，使得刀刃部分展现锋利的状态。在刀刃与刀身的连接处及刀刃最锋利的两个部分添加循环线以体现较为硬质的效果，此时刀身已经比较接近真实刀的造型。但考虑到刀呈现出上厚下薄循序渐进的造型，所以还需要借助晶格工具将其调整到更为真实的效果。

晶格是一种点结构，用于对任何可变形对象执行自由形式变形。若要创建变形效果，可以通过移动、旋转或缩放晶格结构或通过直接操纵晶格点来编辑晶格。通常，可以通过编辑晶格变形器的任意属性创建效果。通俗来说，它的作用就是给需要变形的物体对象创建一个包围状的晶格，对这个晶格进行变形来影响内部模型造型的变化。

选中模型后在菜单栏中点击"变形"，在下方的子菜单栏中找到"晶格"命令点击它。此刻，整个模型边上会出现一个虚拟的立方体在刀的四周，选中这个绿色的框右击选择"晶格点"，此刻就可以框选一些点后按"R"键调节厚度（图2-31）。调节完毕后，选中模型，点击菜单栏中的编辑，在"按类型删除"中选择"历史"，可以删除历史将晶格去除。

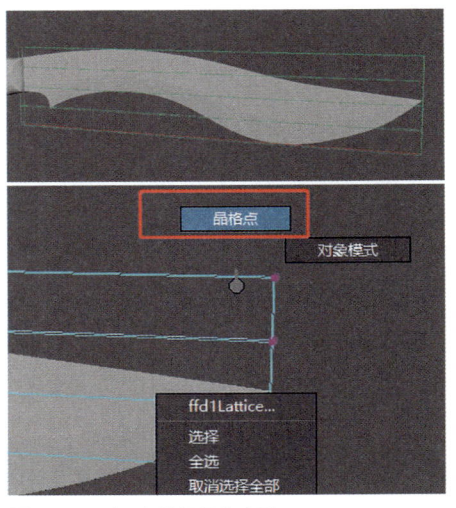

图2-31 对刀身进行晶格变形

第二章　道具模型制作基础 | **025**

（2）刀柄部分。（🔗资源链接 视频：KUkri3、KUkri4）

刀柄由两种材质组成，将不同材质的模型分开，方便后期制作材质。打开模型的选择面模式，框选其中一种材质（案例中选中的是白色部分）。选中后"Shift+鼠标右键"选择"提取面"，此时被选中的面变成了一个独立的模型。将这些所有的模型的洞全部补好并且连线。刀刃与刀身也采用相同的方法将两个部分分开。完成上述的操作后对所有模型的边缘进行倒角，让整个造型看起来细节更丰富（图2-32）。

4. 匕首材质（🔗资源链接 视频：KUkri5材质）

（1）刀身材质。 选中模型后右击鼠标，在指定收藏材质在下一级菜单中选择"Phong"，在右侧的属性编辑器中点击"公用材质属性"中"颜色"最右侧的图标■，此后选择"大理石"纹理（图2-33）。当材质不会立即显示时按下键盘上侧的数字键"6"就可以显示已添加的材质信息。再点击颜色后面的■对基础的颜色、噪波等参数进行修改以达到想要的材质效果。

（2）刀刃材质、刀柄顶部和底部的材质。 选择之前的"Phong"，只是简单地调整一下颜色。

（3）刀柄白色材质。 选中模型之后继续添加"Phong"材质，选择"岩石"材质。材质的花纹可以通过调节颜色等参数仿出参考图的效果。

（4）刀柄棕色材质。 选择"Phong"材质，选择"皮革"材质，继续调节（图2-34）。

5. 灯光渲染

新建一个底板，放大至合适的倍数。此底板的作用就是模拟环境的背景，方便后期添加灯光产生投影效果。

灯光。在工具架中点击"渲染"，下面会出现很多跟渲染有关系的图标，点击下面的灯光。此时

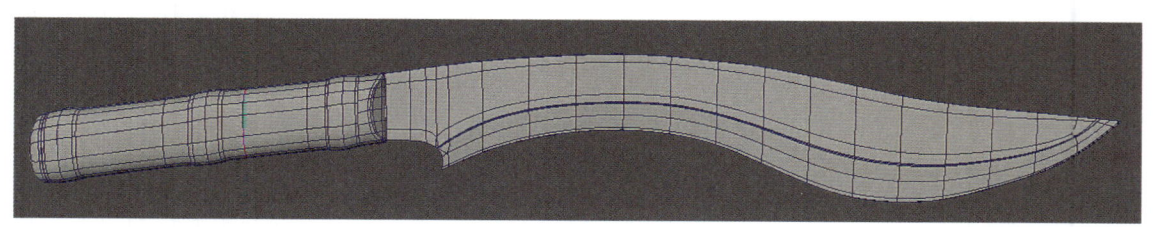

图2-32 刀柄上区分不同材质部分

图2-33 添加刀身材质

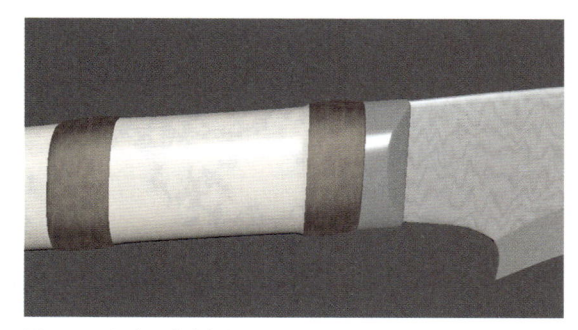

图2-34 添加刀柄材质

一个由几个箭头组成的灯光出现在三维世界上方,选中灯光并且移动或者旋转它,会模拟出不同的角度以及方向打过来的光线。在右侧的平行光的属性中,可以选择修改光的颜色、强度、阴影等各种参数。此外还需要多打几个灯光模拟出多角度灯光的虚拟环境来为匕首制作更加真实立体的投影效果(图2-35)。完成后可以点击上部状态行中的 快速渲染命令,在跳转出来的窗口中可以看到一张渲染图。此渲染图仅是预览效果,后续还需要继续调整灯光、材质等参数,这样才能渲染出更高质量的效果图。

当全部材质参数调节之后,点击渲染设置图标 ,对渲染的参数进行设置。首先将渲染图片格式改为"jpeg",将下面的图像大小改成需要的大小,本案例中修改为2K的尺寸。此外还有一些分辨率等可根据需求自行修改(图2-36)。渲染完成后,在渲染视图中点击左上角的"保存图像"即可把渲染完的图片保存至电脑。至此,匕首的案例已制作完毕(图2-37)。

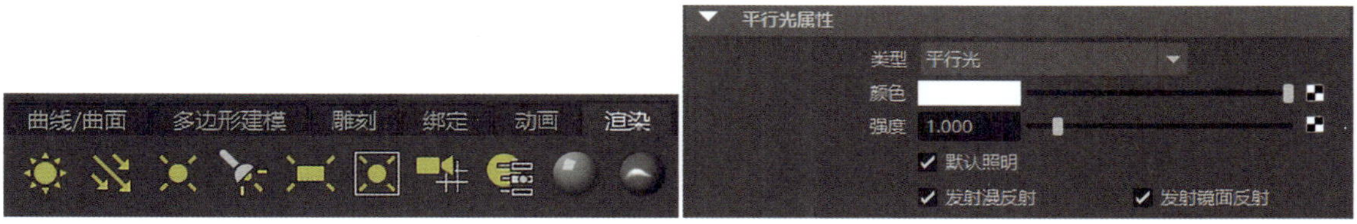

图2-35 在渲染模式下添加灯光

图2-36 渲染设置

图2-37 匕首渲染图

第二章 道具模型制作基础 | 027

（三）消防栓设计制作

消防栓是游戏场景中必不可少的一个道具。该道具的外观造型也许会被误以为比较容易制作，只是一些圆柱体的组合。但若真正从制作角度来说，它是有一定的难度的，其中包含对圆柱体段数的预判、段数与角度的配合、不同造型之间的布尔运算等关于曲面线段和造型的制作思路与方法，这为后期枪械武器等复杂造型道具的制作奠定扎实的基础。

1. 项目准备（🎬资源链接　视频：消防栓1）

与以上"匕首制作"案例的操作一致，首先将搜集到的消防栓图片利用Photoshop软件调整好，再将其导入至Maya软件中使之成为参考图。在制作之前就需要考虑消防栓段数的问题，因为这里涉及消防栓中部有两个90°圆柱体衔接的结构，以及消防栓下部和顶部有凹面的设计效果。从参考图分析出顶部和下部的凹面共有6个，正常的结构也有6个。也就是说一个圆柱体是360°，其中一个凹面或者一个正常结构分别是30°。将一个凹面和一个正常结构为一个组合的话占六分之一也就是60°（图2-38）。一般来说，做圆柱体都是以4的倍数设置段数的，所以作者将整体段数设置为24段（图2-39）。

2. 顶部与下半部凹面结构

（1）顶部结构大型。顶部结构采用的是将圆柱造型进行修改变成倒扣碗状的结构。首先复制基础的24段中部结构模型，修改顶部的大小后再继续添加线段修改，以达到圆弧形接的结构（图2-40）。

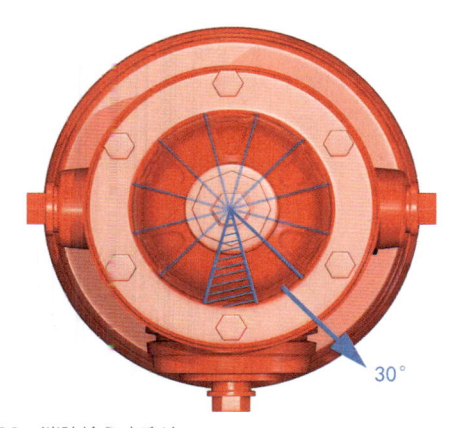

图2-38　消防栓角度确认

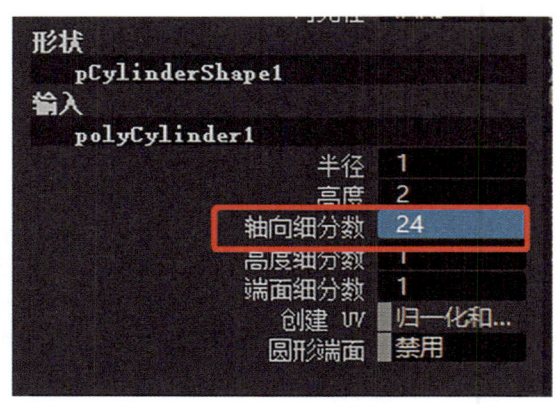

图2-39　设置基础圆柱分段

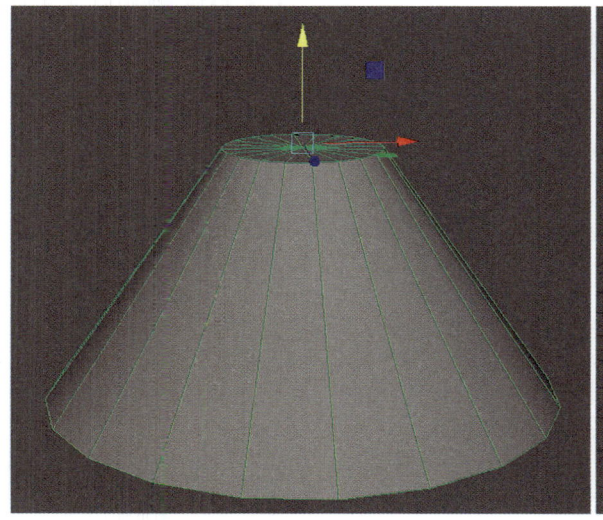

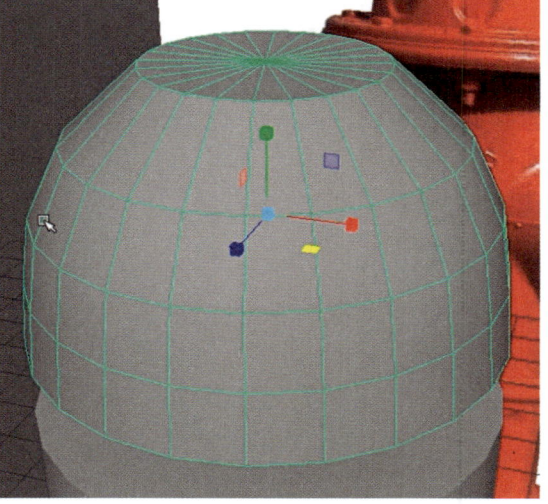

图2-40　消防栓顶部结构大型

（2）**顶部凹槽**。首先在凹槽的顶部和底部各加一圈循环线。此前通过计算得出每一个凹槽是30°，一个组合是60°，那么360°分为24段，每一个凹槽占竖向的两个面。选中两个面选择"挤出面"，将挤出的面变成内凹的基础结构。手动添加点和线将其修改成两头尖的方式，此造型平滑之后就可变成圆角的结构。此后再选中内部的一圈面选择"挤压"并往里推，就会出现内凹的结构（图2-41）。

（3）**顶部旋转复制**。通过观察和计算，此结构上所有的凹面和正常面都是一致的，所以只需制作一组造型，其余的通过复制就可以将整个顶部完成。首先删除这一组以外的面，只留下一组。选中这一结构进行复制，在右侧的"旋转Y"中数值改为"60"，而后按住快捷键"Shift+D"此时就会以60°的角度进行复制。将复制完毕的模型全部选中然后结合，让其变成一个整体。再进入点的模式，选中所有的点"Shift+右击鼠标"，选择"合并顶点"中子菜单"合并顶点"，此时整个模型就变成一个整体（图2-42）。可以通过按数字键"3"观察平滑之后的效果，同时也可以检查是否有点没有合并成功产生的问题。

顶部的下圆盘及顶端的螺栓。此时只需要选中顶部最下面的一个面，通过"挤压面"放大并继续挤压面调整点的位置就可以制作完毕。上方的螺栓就是最基础的圆柱体修改段数，从而得到八边体和六边体。

3. 三个出水管（ 资源链接　视频：消防栓2）

（1）**位置及比例**。首先新建三个圆柱体，根据参考图的位置和大小将其放置在消防栓主体的中心，此时一定要注意两侧的出水管与中间大的出水管的圆心必须处于同一个位置。

（2）**计算段数**。此刻，为了后期的布尔运算能够方便线段直接地连接，两个横向圆柱的线段必须要无限接近于纵向的圆柱线段，营造一个纵向往横向线段延伸的感觉（图2-43）。

（3）**添加线段**。在纵向圆柱与横向的圆柱圆心交接的地方添加线段，目的在于不只是纵向的线段需要延伸，横向的线段也需要延伸。此处请仔细观看视频操作，谨防出现问题（图2-44）。

（4）**布尔运算并重新布线**。当线段准备完毕后，选中模型进行"并集"的布尔运算，将三个圆柱体结合在一起。结合完成后的首要任务就是将多余的点进行加线，或者将部分没有完全重合的点进行"合并相邻点"的操作。这里需要特别注意的是，圆柱体上的点尽可能不要直接删除，而是选择点对点加

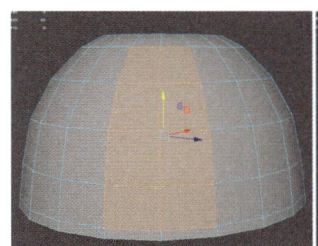

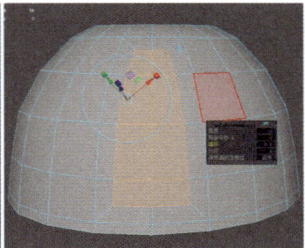

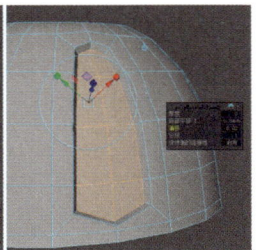

图2-41　顶部凹槽制作

图2-42　顶部旋转复制

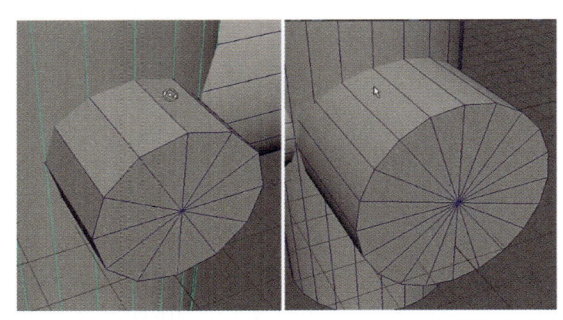

图2-43 三个出水管的段数设置及大小位置确定

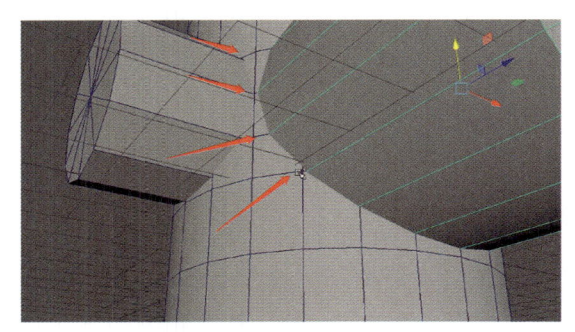

图2-44 添加线段

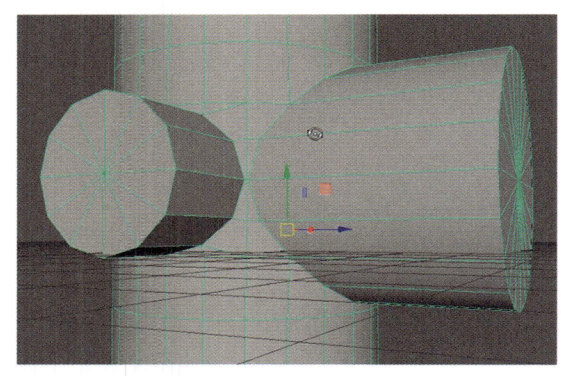

图2-45 布尔运算并重新布线

线的方式再去删除。这样做使圆柱的曲面体不会被修改变形。有些地方需要重新修改线的走向以达到最佳状态。在操作过程中，可以经常按数字键"3"观察圆柱体的连接处是否圆润顺滑，只有达到这样的效果，整个圆柱布尔运算才能结束（图2-45）。

（5）**修改造型**。此刻，将侧面出水口的造型按照参考图进行调整。有些位置需要进行加线或者挤压面的操作不再赘述，可自行观看视频操作步骤。

（6）**左右复制**。重新布线的工作量较大，采用的还是只做一半的方法，另一半选中面后删除，再将布线完整的半个模型复制得到完整的消防栓造型。

4. 栓扣

主出水口的下方有一个方便铁链穿过的栓扣结构，这是个中空造型，此栓扣中间是圆形。从布线及此栓扣所在的位置考虑，这个洞只需要有八段的面就足以体现带孔栓扣的造型。作者采用一个八段的圆柱体与一个多边方体进行"差集"的布尔运算得到一个带孔的造型，在此基础上重新布线就完成了这个结构的制作（图2-46）。

5. 造型细化（资源链接　视频：消防栓3）

造型细化阶段，在所有的转折结构处使用加线或者倒角的方式为结构添加线段，使整个结构在平滑效果显示时保证衔接处顺滑、棱角处坚硬的质感。需要注意的是，出水口的线段添加不宜靠近两个圆柱的衔接处，可以将距离设得稍远一些，这样在平滑处理后效果会更佳。

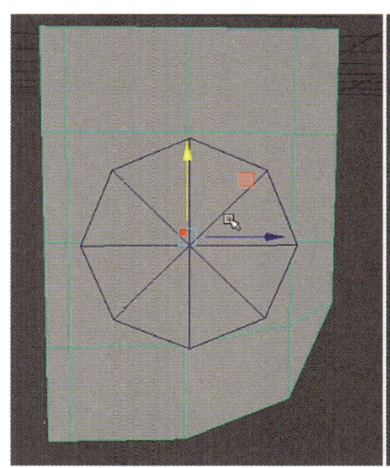

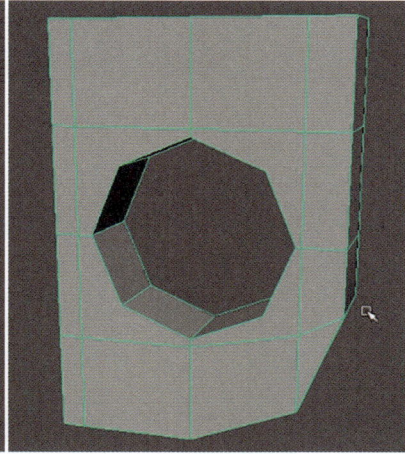

图2-46 栓扣布尔圆洞

6. 材质渲染（🔗资源链接　视频：消防栓4）

此阶段与匕首案例的操作一致，材质球选用"Blinn"材质球，让整个消防栓看起来金属质感更强一些。灯光采用主光源、测光源以及一个背光的设置，最终通过Maya自带的渲染器进行快速渲染，得到最终的展示效果（图2-47）。

图2-47　消防栓渲染图

第三节　课程任务实施

任务布置

橱柜、匕首、消防栓的模型制作训练

任务组织

（1）课堂实训：制作"橱柜、匕首、消防栓"模型，需独立完成。

（2）课后训练：结合课程作业，完成三个三维模型和材质的制作，并进行简单渲染。

任务分析

1. 课堂训练任务分析

"橱柜、匕首、消防栓"的模型和材质制作，要求以图2-48的造型作为参考，颜色可以自己设计。

2. 课后作业任务分析

（1）结合课程大作业，理解并掌握制作三维模型的正确思路和技能。

（2）理解道具在不同的环境下所产生的作用。

（3）结合真实物体对游戏内的表现进行拓展性的思考。

任务准备

结合课程大作业，掌握橱柜、匕首、消防栓的正确比例和结构，完成三维设计制作。

任务要求

（1）课堂训练分段进行，即分为橱柜制作阶段、匕首制作阶段、消防栓制作阶段。

（2）课后训练使用Photoshop处理渲染的效果图。

本章总结

本章学习的重点是Maya软件的基础操作，使用软件制作出满足要求的游戏模型。同时学习三种经典游戏道具模型的制作思路，掌握不同类型的模型制作的技巧，

图2-48　课后作业

在面对其他造型道具制作时能够从容应对。

课后作业

完成课程中的橱柜、匕首、消防栓的模型制作。

思考拓展

游戏中有很多不同种类及不同风格的道具。按场景道具和角色道具两个方向，搜集卡通风格的道具，以及真实风格道具的道具设计图。通过现实存在的物体与游戏作品中的道具，分析其表现方式的相同与相异处，并谈谈你的看法。

课程资源链接

课件

第二部分

道具制作全流程案例实操

第三章 角色道具——步话机

第一节 了解并分析步话机

次世代游戏道具的制作集合了模型制作、UV拆分、材质制作及引擎渲染，整套的制作流程涉及所用软件的配合使用。本章节的任务是根据游戏中常见角色手持的小型道具——步话机（图3-1），进行次世代游戏道具的全流程学习并完成制作。

知识目标

（1）了解次世代道具模型制作的全部的流程。
（2）理解高低模的作用。
（3）理解UV的概念和作用。
（4）理解PBR材质原理和效果。

能力目标

（1）具备熟练使用各种软件的操作能力。
（2）具备UV拆解及烘焙贴图的能力。
（3）具备PBR材质制作的能力。
（4）具备八猴引擎渲染的能力。

一、资料搜集（资源链接 视频：素材搜集、分析结构）

首先需要根据所选图片确定图中物件具体是什么。利用网站的反向搜图了解图中物体是加尔文制造公司开发的手提式调幅（AM）无线对讲机，型号为SCR-536。基于这些信息再去搜寻相关的资料就能得到比较多角度的图片参考素材。

二、任务分析

根据对图片及对此物件产生的时间、环境等几个方面的综合分析（重点从材质的角度去分析），可以将该物件拆分成：电话主体、听筒话筒、侧面按键、侧面凸起、顶上螺栓、天线、手提带等9个材质，再继续从这些材质中拆分出共计约42个零部件（图3-2）。

图3-1 步话机参考图

图3-2 主要材质区分

第二节　步话机全流程制作

一、模型制作

（一）中模 [🔗 资源链接　视频：大型搭建（中模）]

1. 设置项目文件

打开Maya软件，首先建立一个项目工程文件。设置项目工程文件可以非常快速地找到保存的文件及此文件夹中相关信息，提高工作效率，并且在一定程度上降低软件崩溃带来的损失。

2. 主体机身搭建

正式开始制作前需要将参考图导入Maya的前视图。将参考图调整大小后加载至图层中，并锁定。这一步骤的操作目的是防止后期选择模型时误选图片，以及防止图片位移，从而给模型搭建带来的不必要麻烦。

以参考图作为标准进行大型模型搭建，可以使模型的整体造型比例不会出现大的偏差。首先主体物的基础模型是立方体，其次添加后可以利用调点的形式将此立方体的造型调整为与参考图上相仿。

由于步话机机身上下两个类似盖子的结构与机身的造型一致，只是大小不同。可以将机身的顶面利用挤压面的命令将顶盖或者是底盖制作出来，之后将其中一个盖子复制到另一侧。具体操作是利用面的模式选中盖子部分，然后通过"Shift+右击鼠标"，选择复制面命令，这样可以把复制出来的面变成一个独立的模型（图3-3）。复制完成后需要将两个模型合并在一起（图3-4），要求两个模型之间接缝处的点相叠，还要删除多余的面，之后合并相邻点。

3. 天线及螺栓搭建

对于天线的制作，首先需要了解天线的材质，以及它的造型结构特点。从参考图来看，此天线为没有复杂细节结构的简单造型，所以就用最基础的造型搭建即可。采用圆柱为主体，在圆柱的顶上倒角并加线，让顶部变得圆润（图3-5），螺栓也采用同样的方法制作，使基本造型展示出来（图3-6）。

4. 听筒与话筒的制作

听筒和话筒是带有一定角度的圆柱体，并且表面还有较多的细节。制作的思路就是先制作出标准角度的圆柱（图3-7），所有的细节先做好，再将完成的部件角度旋转，放置于参考图一致的位置（图3-8）。

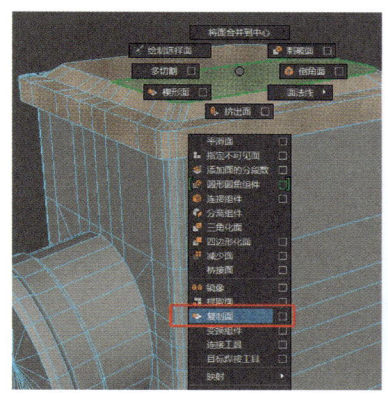

图3-3　拆分顶部结构 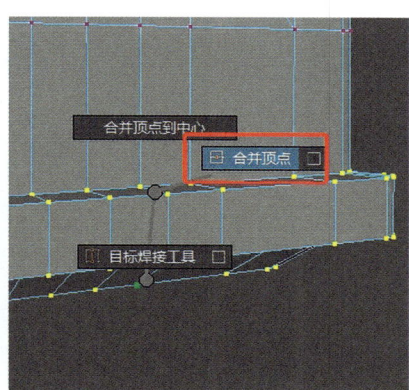　　　图3-4　合并底部结构至主体机身 　　　图3-5　天线

图3-6　螺栓 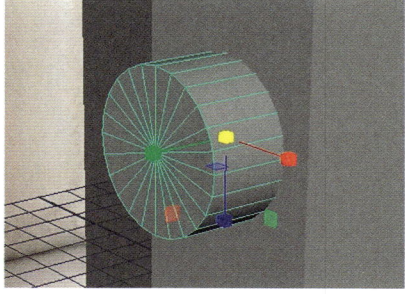　　　图3-7　听筒造型 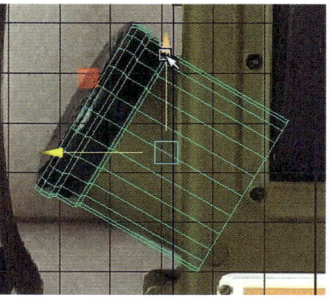　　　图3-8　调整听筒角度

从图中得知听筒的顶部和下半部是两个不同的材质。故在听筒造型的基础上将上半部分的面进行拆分得到两个模型，方便后续制作材质。

5. 步话机机身细化、布线

听话筒下半部分和步话机的机身是一体结构，这需要将模型进行布尔运算而不是简单的模型穿插。目前步话机的边缘不够圆润，需要对其进行倒角与造型的细化，同时在正面进行布线。这一步骤非常关键，涉及话筒、听筒与机身，在布尔运算之后得到一个完整的造型。

该步话机左右的造型是一致的，所以制作时只需制作一半，另一半对称复制即可。布线的阶段也采用这一思路，只在机身的一侧进行线段排布的工作。

根据话筒横截面的段数（24段）对机身进行加线。此时加的线段需要手动地无限接近圆柱上的线（图3-9），同时保留最中间一个线段不要布线，这个点最终需要连接到外侧。

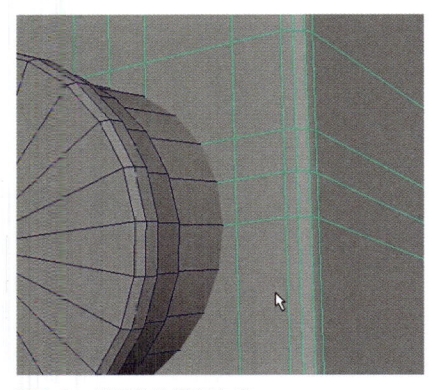

图3-9 根据结构进行布线

在完成布线工作后，需要对这两个零件与机身进行布尔运算。运算结束之后，需要在虚拟平滑的状态下检查结构是否有错误的地方（图3-10）。

图3-10 布尔运算后平滑检查

当制作的效果达到理想状态后，需要对所有的点和线进行修整。因为布线是手动的，很难将两个线段无缝地衔接在一起，需要手动将多余的线和点修复。在修复的时候尽量不使用合并相邻点的方式，而采用重新点对点连线的方式。因为圆柱物体点的位置一旦动过，那么这个圆柱在平滑之后会出现不够圆润，甚至在表面出现凹凸状态。所以制作时都采用在平面的点上进行连线的方式。中间没有布线的那个点，通常情况下会连接到最外侧（图3-11）。

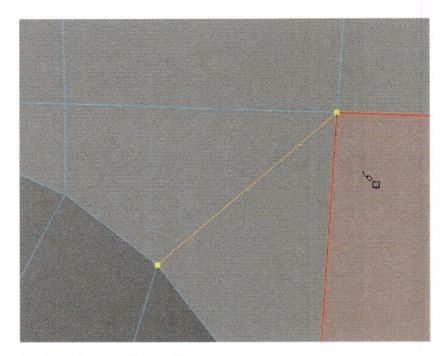

图3-11 重新布线

完成上述的连线工作之后可以删掉一侧，此后复制一侧已经布好线的模型进行合并，合并之后选择复制中线上的所有点进行合并相邻点的命令，由此可以得到一个完整的机身（图3-12）。

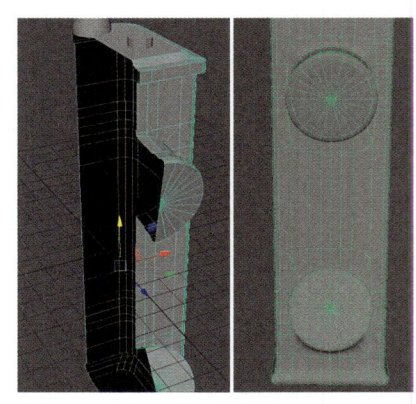

图3-12 制作一半后复制合并

6. 侧面矩形凸起

从参考图上可以得知，侧面凸起是通过6枚螺钉拧在步话机身上。该结构比较简单，先用长方体确定造型，再通过加线的方式将中间按钮区域固定（图3-13）。

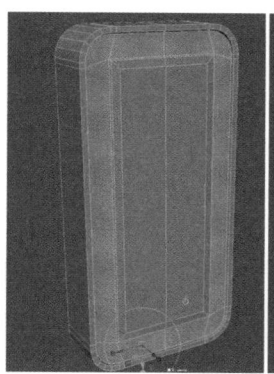

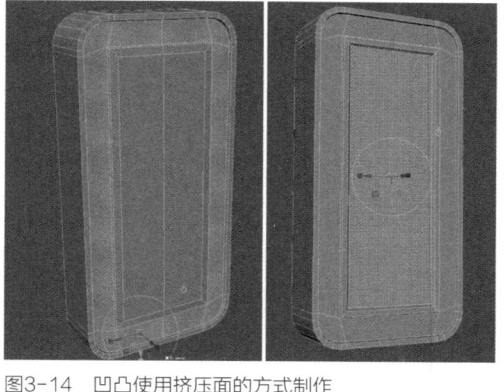

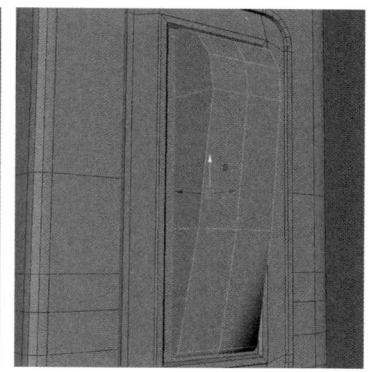

图3-13 侧面矩形凸起　　图3-14 凹凸使用挤压面的方式制作　　图3-15 侧面黑色按钮

该零件的边缘是凸起的，把中间的面凹陷进去即可得到边缘外凸的效果。所以选中外围一圈的面，使用挤出面的方式将这些面往机身的方向推，最中间的结构也采用同样的方式制作（图3-14）。完成之后将厚度调整到合适的高度，通过吸附的方式将这个零件放置在机身上。

7. 侧面黑色按钮

从参考图上看，黑色按钮的制作难度并不大，使用最简单的立方体进行调点、加线就能得到想要的造型（图3-15）。

8. 异形螺栓（ 资源链接　视频：特殊部件制作）

步话机顶上螺纹结构的零件在很多道具造型中都会遇到。面对这种异型结构时，首先需要思考如何利用最简单的模型来制作。

该螺纹结构的螺栓看起来很像被压扁的弹簧，可以使用Maya中"螺旋线"模型进行更改。选择模型，在右侧可编辑的状态中逐个修改圈数、高度、宽度等数值，力求得到较完整的螺纹结构，同时要尽可能将上下的线保持一致，方便后期对模型进行合并处理（图3-16）。

一切就绪后即可选中整个模型的点，并使用合并相邻点的命令，再将内部的面全部删除，就能得到一个空心螺母的结构（图3-17）。

接下来最重要的是对其进行两头封堵，变成真实的螺纹结构的零件。但这个步骤不能采用常规的补洞命令，而是采用选择一圈循环线，挤压出一个高度，并且将最上方的点进行压平处理。这时，会出现一个非流形几何体，只需要删除多余的一条线即可。在此基础上，再填充洞、封补面（图3-18）。

9. 直纹旋钮

直纹旋钮是道具中经常出现的一种特殊的零件，该零件是以圆柱为基础的、带有笔直纹路的造型。

根据参考图的比例新建一个圆柱并放置在固定的位置上，此后对其进行参数修改。首先需要更改圆柱的段数，其次需要将圆柱外侧的所有面选中并执行挤出面的命令。在这个命令中，需要将"保持面的连接性"从"启用"改成"禁用"，这样就能保证每个面都是以独立的状态进行挤出（图3-19）。

图3-16 使用螺旋线制作螺栓的大致造型　　图3-17 完成螺旋外轮廓

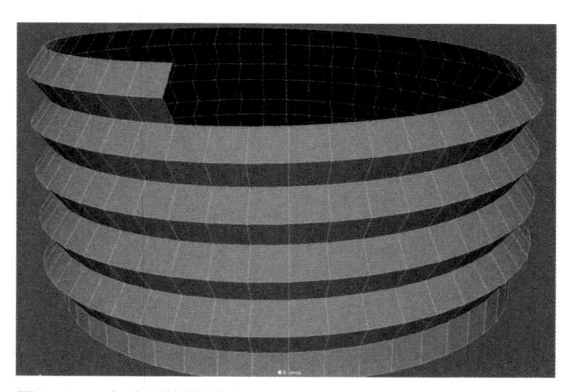

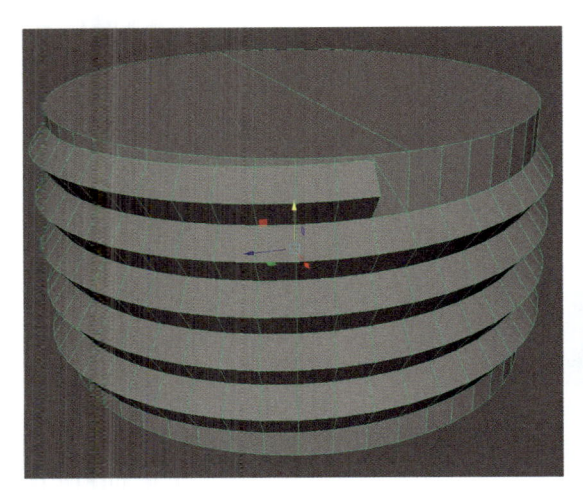

图3-18 上下封闭孔洞

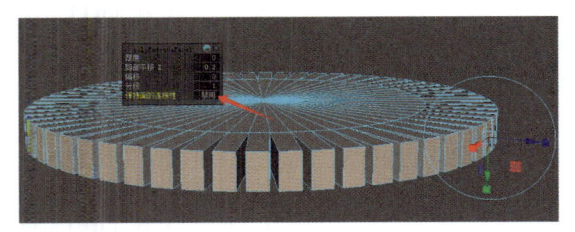

图3-19 直纹旋钮

根据参考图的比例新建一个圆柱并放置在固定的位置上,此后修改"局部平移Z"和"偏移"两个数值,具体的直纹结构都是通过这两个数值来实现的。

10. 部分小零件的制作(资源链接 视频:螺栓等部分小零件制作)

(1) **连接扣**。此零件的基础模型是圆柱,且零件有一侧需要延伸出来插入步话机机身。在刚开始的时候可将段数放得少一些,在放置正确位置后可以删除需要连接的面,然后使用挤出线的命令将线段挤出,之后封口即可得到想要的结构(图3-20)。

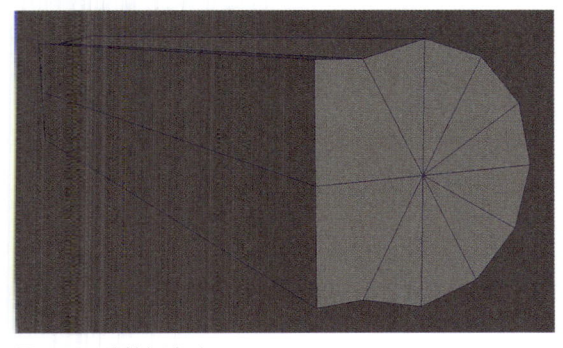

图3-20 连接扣造型

该结构中还包含一个同心圆柱,承担转动和锁扣的功能,所以需要利用最外侧的面提取出一个圆面并且挤压面变成圆柱的模型。此后按照步骤将里面的圆柱放置在正确的位置上,并在大的造型上挖取凹槽(图3-21)。

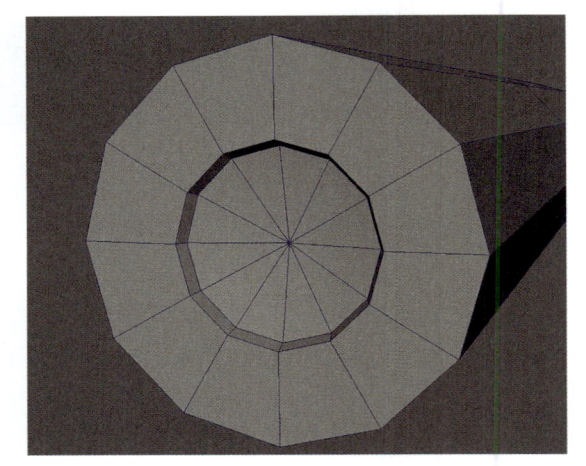

图3-21 制作连接扣凹面

(2) **环状扣**。环状扣的造型有很多做法,本案例中采用圆环的方式来制作。新建一个圆环,将圆环的尺寸匹配到参考图,删去多余的面,得到1/4圆(图3-22)。通过对圆环边缘环线进行挤出的方式,可以得到环形管状物的1/4。此后再根据参考图的比例进行复制,最终得到完整的环状扣的模型(图3-23)。

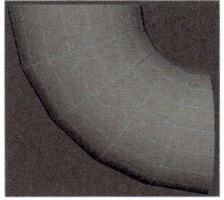

图3-22 四分之一圆环　图3-23 左右共用复制

中间的搭扣制作方法有两种:一是使用立方体直接调点的方式制作,该方式制作起来较快;二是选择环状扣上的横截面,用复制面的方式将搭扣的其中一个面挤压厚度,变成搭扣的模型即可。使用第二种方法制作的搭扣与环状扣能够表现出衔接严丝合缝的效果。

(3) **十字螺钉**。该模型制作比较容易,以圆柱作为基础模型。将圆柱按比例放置在正确的位置后，需要在整个圆形上加面，方便之后对十字螺钉挖槽。

选中十字形的四条线，对其进行倒角命令，得到十字形结构（图3-24）。选中十字形的面进行挤出面的命令，并且将这个面向内部移动，从而得到十字形内凹的结构（图3-25）。

图3-24 倒角得到十字结构　　图3-25 挤压面得到内凹效果

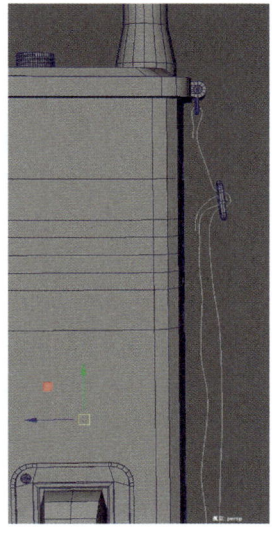

图3-26 拎带穿过环状扣　　图3-27 绘制曲线

11. 拎带（🔗资源链接　视频：拎袋制作）

拎带模型是步话机道具较难制作的部分。游戏设计中主流的制作方式有两种：一种是用曲线的方式在Maya中制作，另一种是使用Marvelous Designer软件来制作。本案例的材质为帆布，质地较硬且布料不多，可以采用曲线引导的方式制作。

使用此方法制作的前提是一定要仔细分析拎带的头与尾分别在什么位置，这将直接影响后续模型的效果。从参考图上分析，出头就在最上面连接扣处，穿过环状扣到达下面的连接扣之后，再返回环状搭扣处（图3-26）。

首先打开侧视图，点击"曲线/曲面"，选择第三个自由绘制工具进行绘制。在绘制的过程中不需要特别精确，但是在穿过连接扣和环状扣的时候要注意位置（图3-27）。

选中曲线，对其位置进行微调。选中曲线后右击鼠标进入"控制顶点"的模式。在该模式中通过选择不同位置的点来调整曲线，以达到最终需要的完整曲线状态（图3-28）。

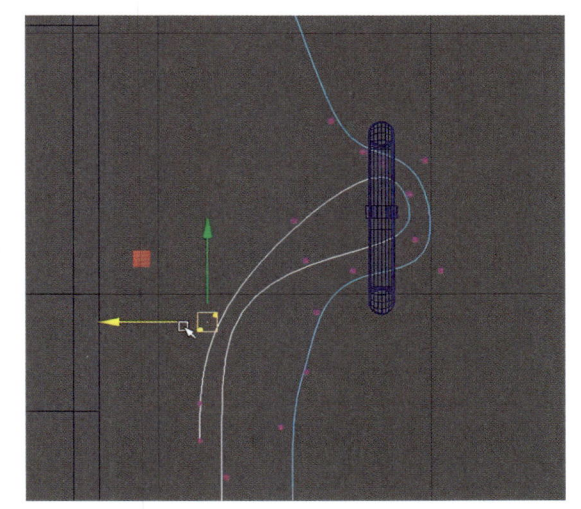

图3-28 调整曲线

接下来需要制作一个面片，使其变成该拎带的横截面。首先新建一个立方体，将多余的面删除得到一个面片，将此面片移至曲线的开头处（注意：开头处即这个曲线开始创建的起始点），保证面片的中心正好垂直于曲线的开头段（图3-29）。

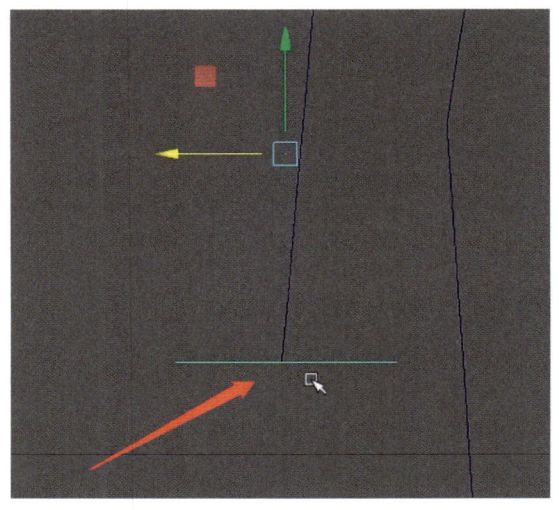

图3-29 将面片中心对准曲线启示位置

第三章　角色道具——步话机 | 039

此后，在面的模式下选中该面片并加选曲线，选择"挤压面"的命令得到一个看起来比较短的模型（图3-30）。这是因为此曲线的开头处和收尾处相距比较近，同时没有添加段数，只需要添加分段数值，模型就会按照曲线的走势变成适合的造型（图3-31）。如果想要继续添加段数，让模型看起来更加柔和，还需要直接输入更高的数值。

若发现模型变成黑色，是因为模型的法线反向所导致的，只需要选择该模型，在"网格显示"中点击"反转"，即可让模型的面转正（图3-32）。

生成模型后仍可对此曲线进行调整。打开线框模式，选中线变成可编辑点的模式，之后继续对此模型进行再调整（图3-33）。

当模型完全做好，并且不再需要通过曲线进行调节时，就可以删除该曲线，但有时想要删除选中的曲线时，会发现模型和曲线一同被删掉了。如果希望删除曲线并且保留模型，只需要选中模型进行删除历史的操作，这样就可以在大纲视图中删掉曲线。

（二）高模

1. 前期工作

此项工作主要是将中模复制一份，在复制中模的基础上再进行高模的制作。

所谓的高模就在中模的基础上进行加线、卡线、倒角，最终形成面数较多的模型。有些模型在完成这些操作之后还需要进行平滑处理。

首先选中所有中模的模型并复制文件，在右侧的图层中新建一个图层并命名为"H"或者其他能代表高模含义的图层名称。将复制的模型添加至"H"的图层，同时隐藏中模图层，方便以后操作。

2. 步话机主体高模（资源链接　视频：主体高模制作）

（1）**机身**。整个机身主体造型已经全部完成，四个边缘都做圆角处理，选中边缘线进行倒角的操作，以此得到更加圆滑的结构（图3-34）。

（2）**顶部与底部**。这两处也采用选择边缘线进行倒角的操作方式，以将边缘变得圆润一些。

（3）**话筒**。话筒这种圆柱形结构的高模制作只

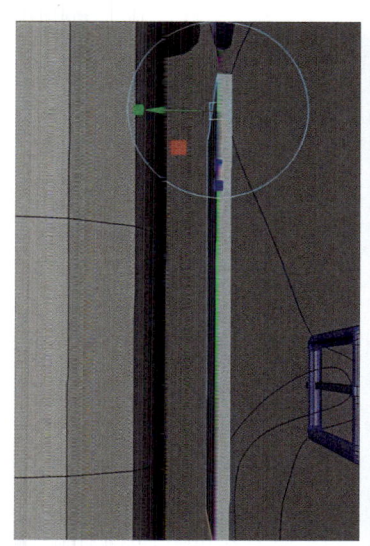

图3-30　挤压成功

图3-31　调整分段数量

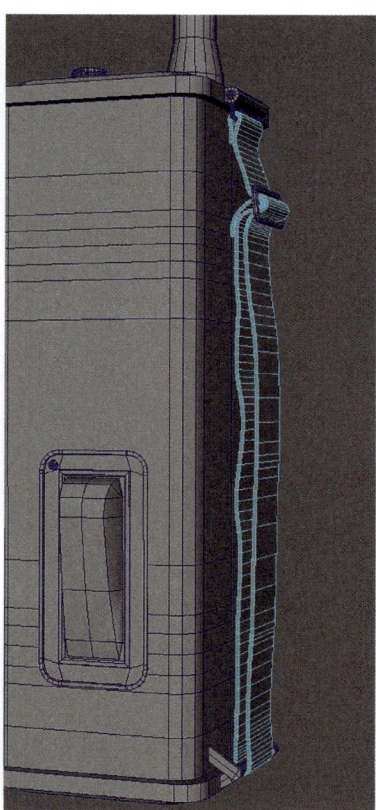

图3-32　反转法线方向

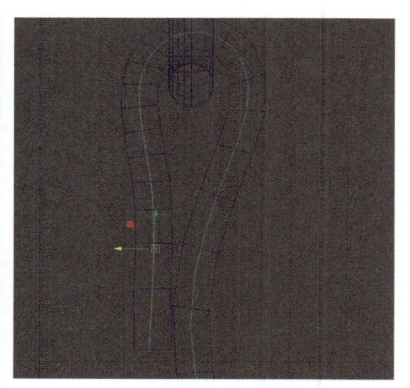

图3-33　调整曲线控制外部模型

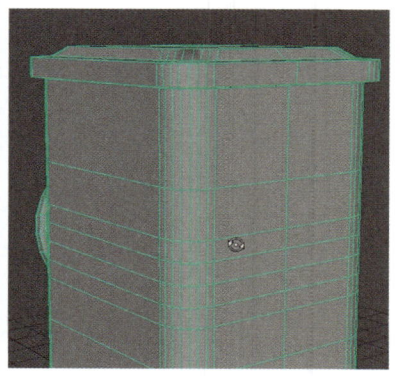

图3-34　机身高模

需要在横截面结构上倒角即可，圆柱侧面本身就是圆的状态，所以不需要做任何的改动（图3-35）。

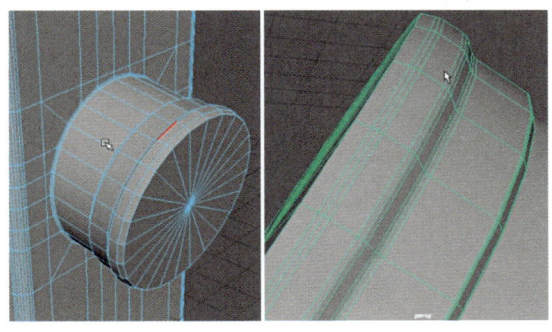

图3-35 听筒、话筒倒角加线

3. 异形螺栓（资源链接 视频：零件细节高模制作）

由于该结构不规则的部位较多，所以在结构线倒角之前还需要对螺纹开头的结构继续做布线处理（图3-36）。

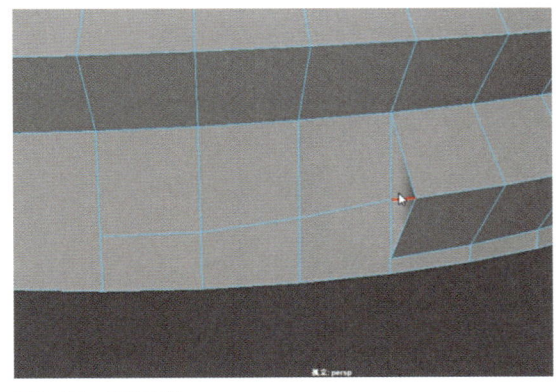

图3-36 螺栓布线

选中所有螺旋线及圆柱的上下两个边缘线进行倒角处理，并且再修改一些错误的点，这样即可得到螺栓的高模（图3-37）。

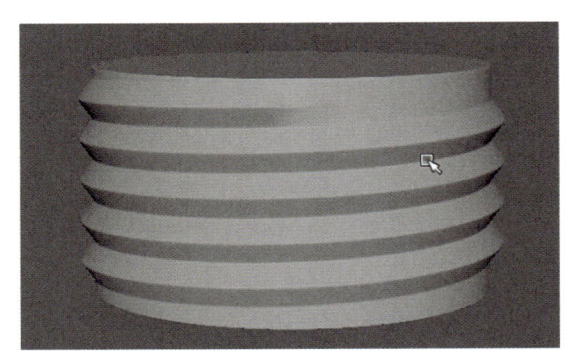

图3-37 螺栓高模

4. 黑色按钮

该零件制作高模也较为简单，只需选择一些结构线进行倒角，便可以得到非常完整的按钮的高模（图3-38）。

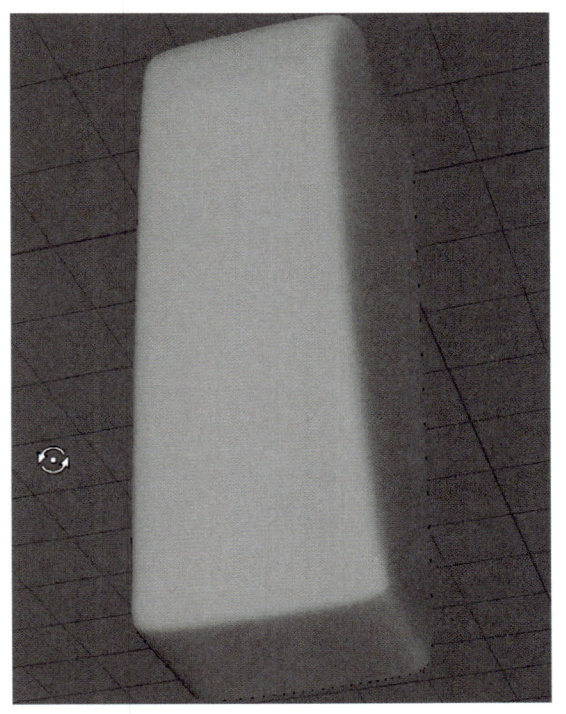

图3-38 黑色按钮高模

5. 侧面矩形凸起、铭牌

这两个结构造型基本相仿，其做法是首先将边缘处进行倒角处理，以得到比较光滑的曲面。其次将其余的结构线倒角或者加线处理成高模。侧面凸起的结构上有一个是四边形的造型，在选择结构线的时候，不能遗忘四个角的线（图3-39）。

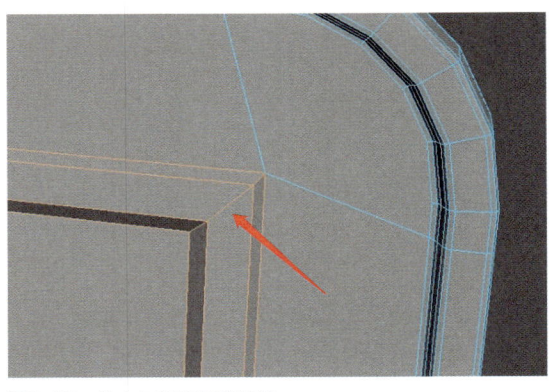

图3-39 选中与结构相关的线

第三章 角色道具——步话机 | 041

6. 直纹旋钮

该结构看起来很复杂，对于高模的制作可能会让人感到无从下手。遇到此种结构时，可以选中所有的线段进行倒角，这样的方式更加快捷有效（图3-40）。

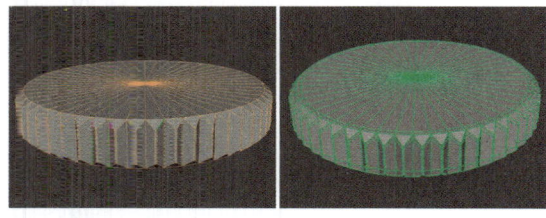

图3-40　选中所有线段并整体倒角

7. 十字螺钉

制作该结构与制作侧面矩形凸起相同。首先对螺钉的边缘进行倒角与加线的处理，其次中间的十字结构一定要选中上下及转折处所有的线，将它们进行倒角，否则就会出现模型破损的情况（图3-41）。

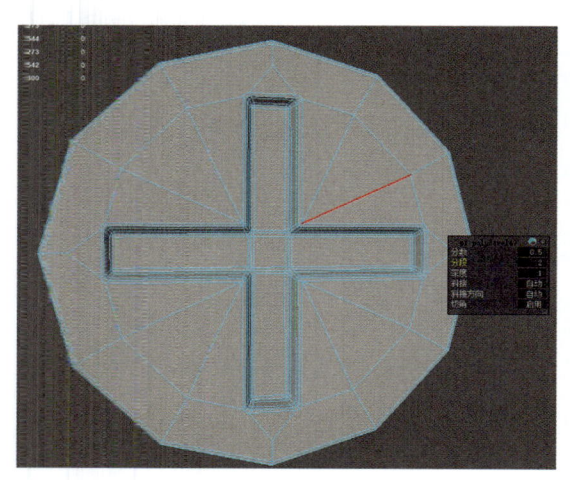

图3-41　选中所有结构的线并进行倒角

8. 其余零件

其余部分的零件基本都是选择边缘或进行结构处倒角与加线处理，以此就能得到整个步话机所有结构的高模。做完之后需要对整个模型进行逐个检查，确认是否有遗漏与没有进行高模处理的模型。

（三）低模　📎 资源链接　视频：低模减面1、低模减面2）

本案例中对于步话机面数的要求在5000面以内。根据此要求对整个模型进行减面处理。

低模中，凡是看不到的面，全部都可以删除。如十字螺钉的背面需要穿插进凸起的零件，背面所有的面都可以删除。

1. 前期工作

与上述高模的流程一样，新建一个以"L"命名的图层，将复制的中模加至这一图层中，方便管理。同时，将高模图层锁定，方便低模的减面工作。给高模一个"Lambert"的材质球，修改材质球的颜色，通过比较容易看出高低模的匹配程度。

2. 天线

首先，对中模的顶部进行适当的删线处理，尽可能让低模与高模能够保持相互融合的状态，方便后期烘焙（图3-42）。

其次，高模上的线槽（图3-43）结构可以直接忽略，因为Normal贴图可以很好地将模型上的凹凸信息烘焙出来，所以只需要做成不带凹槽的模型即可（图3-44）。

图3-42　天线顶端低模

图3-43　天线高模的凹槽　　图3-44　不带凹槽的天线低模

3. 异形螺栓

在本案例中，由于带有螺纹的螺栓体积很小，不会展示太多细节，所以不采用减面的方式来制作低模，而是采用新建一个圆柱的方式代替原来的造型，通过烘焙将高模的螺纹凹凸信息贴在低模上（图3-45）。

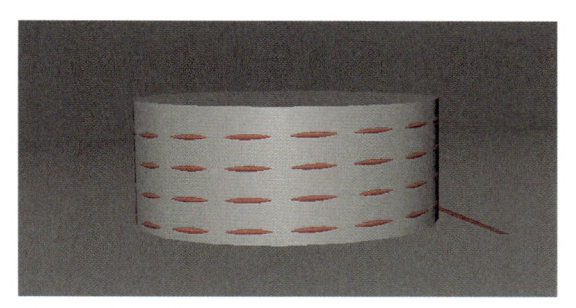

图3-45　螺栓低模

4. 步话机主体部分

步话机主体部分受听筒、话筒的影响，表面有很多为了连接圆柱而排布的横向循环线。这些段数不能更改。在这种情况下，需要改变原来步话机横向布线的方式，转变成两个圆柱之间的纵向排布。

话筒头部的布线改变原始圆柱横截面的布线，改成全部横向的排布，该操作一方面可以将面数减少，同时也方便后期拆UV的时候辨别方向（图3-46）。

图3-46　步话机主体低模

5. 直纹旋钮

该部分的低模制作思路与上述制作异形螺栓一样，都是采用新建一个圆柱直接代替低模的方式（图3-47）。

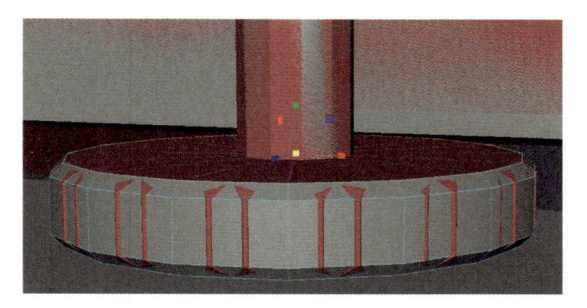

图3-47　旋钮低模

6. 侧面凸起部分

该部分的模型内部有很多凹凸，如果没有十字螺钉，可以将整个外立面做成一个平面。这些凹凸信息都可以通过烘焙的方式来体现，但是目前此处还有一些钉子等结构，就要保留原有的凹凸结构，只能将一些看不到的面删除，以达到减面效果。

7. 十字螺钉

该结构减面的思路就是将整个表面的凹凸信息全部去掉，以一个平面来代替。

8. 拎带（ 资源链接　视频：拎带减面）

该结构的面由于有曲面的原因，所以看起来面数比较多，但从操作的角度来看，这个结构使删除较多的面并不方便，所以只能去寻找不太重要处的面进行删减。删除结束之后还需要修改模型的位置，以保证高低模能够较好地匹配（图3-48）。

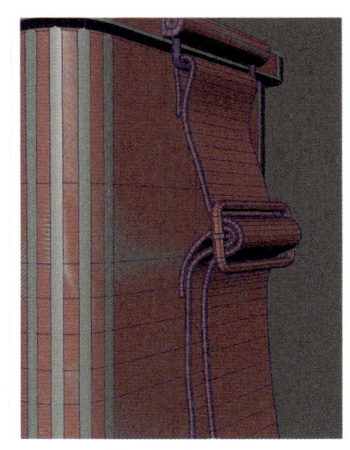

图3-48　拎袋低模

9. 其余零件

其余部分零件的操作方法基本与上述操作相符，此处不再赘述。相关操作可以通过观看配套视频详细了解。

二、UV

（一）UV基础

1. UV的概念

简单来说，UV是将立体空间的坐标平摊在一个平面的世界中，它是平面的图像。"U"代表了水平方向的信息，而"V"则代表垂直方向的信息，将其合并则表示平面中任意点的信息，将一个三维立体的模型拆解成平面的过程即为拆UV。

UV通常指UV贴图，模型制作时，需要将三维的模型转成平面贴图，在平面中绘制出贴图后再将其贴在三维的模型上，使其立体表现。

在UV的平面世界中会有很多象限，一般来说，一个模型会有一个UV，其大多存在于第一象限中（图3-49）。

图3-49 UV界面

UV的拆解有很多种形式，不同的游戏设计师由于拆解UV的习惯不同，拆解的结果也不尽相同。但是拆解UV的时候有几个重点需要掌握。

2. 接缝尽可能放在不重要的地方

一个物体UV拆解的接缝，不管修复得多么完美，总能看出拼接效果。例如，一件衣服的布料拼接，上面的花纹总是不能完美地拼接在一起。

3. 共用模型UV

如遇到重复共用的模型，只需要拆解一个模型的UV即可，其余的全部复制即可。而且第一象限中只保留一个模型的UV，其余共用模型的UV全部移出第一象限。

4. UV排列要紧凑

UV的边缘尽可能打直处理，方便在有限的空间内放置更多的UV。

5. UV与软硬边的关系

模型线段设置为软边情况下，UV处可断开也可不断开，但模型线段设置为软边情况下，UV处必须断开。一般情况下，圆柱造型的物体拆解的UV如图3-50所示；圆球类造型的模型拆解UV如图3-51所示；立方体拆解UV如图3-52所示。

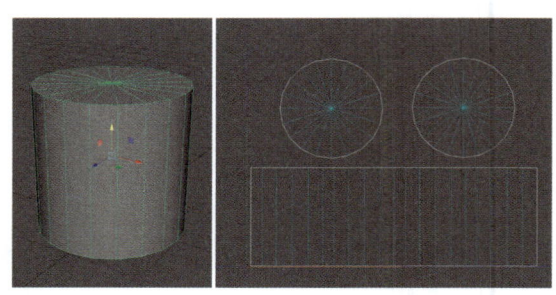

图3-50 圆柱的UV

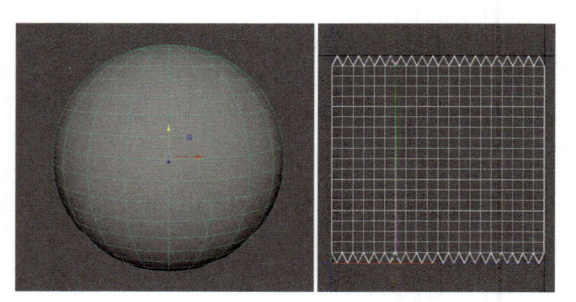

图3-51 圆球的UV

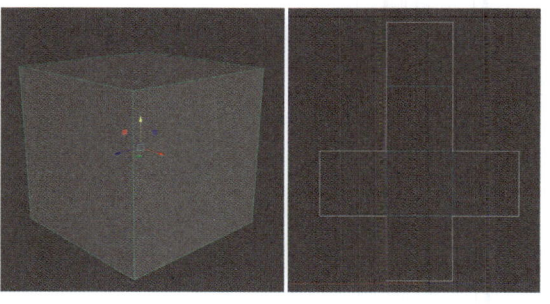

图3-52 正方体的UV

（二）UV拆解（Maya）

1. 前期工作

本案例采用Maya软件中自带的UV编辑器进行步话机模型的UV拆解工作。暂时不涉及其他拆UV的软件或插件。

在拆UV开始之前需要对整个模型文件进行检查，主要检查是否有超过4个边的多边面，以及破洞等模型问题。

选中所有模型，点击"■"图标，即可打开UV编辑器的界面。图3-53为UV平面编辑空间，图3-54为UV的工具包，所有的命令都可在这里找到。经常使用的是红框部分，即"创建"和"展开"两大命令。

选中所有模型，点击"创建"中的"自动"命令，软件会自动对模型的UV进行拆解。但此操作的结果多达不到项目要求，所以只作为参考，还需要在此基础上进行修改。

拆解UV后一定要打开两个命令：一是检查UV是否反向的命令，蓝色显示正常，出现红色则说明有反向的问题；二是棋盘格的命令。打开棋盘格之后可以检查UV拆解是否合理，有无严重拉伸变形，或者比例不协调的问题。

2. 步话机主体模型UV拆解（ 资源链接　视频：主体UV拆分）

在前期自动创建UV中，接缝都是随机出现，在此情况下首先需要思考主体部件如何拆解。

步话机的主体部件大致可以分为三部分：一是长方体的主体部分，这个部分拆解之后能够得到一个矩形；二是听筒和话筒部位；三是步话机顶部和底部的两个类似盖子的结构。

（1）主体部分。 根据上述思路，首先需要拆解并缝合主要的立方体部分。从自动拆解的结果来看，四个边缘全部都被拆开。在前期提到尽可能将缝合线放置在最不起眼或者隐蔽的地方。对此立方体结构中的UV，需要在只保留一条接缝的前提下，将其余部分全部缝合起来，尤其是正面左右两侧的UV边缘缝线。在缝合完成之后，需要对这一整个UV的四个边进行打直处理，这种方式可以将其变成一个整齐的UV，也方便其他UV的排列。选择UV点的方式（在UV界面选中并且鼠标右击，出现选择命令后点击"UV"），按"R"键，移动"X"轴，或

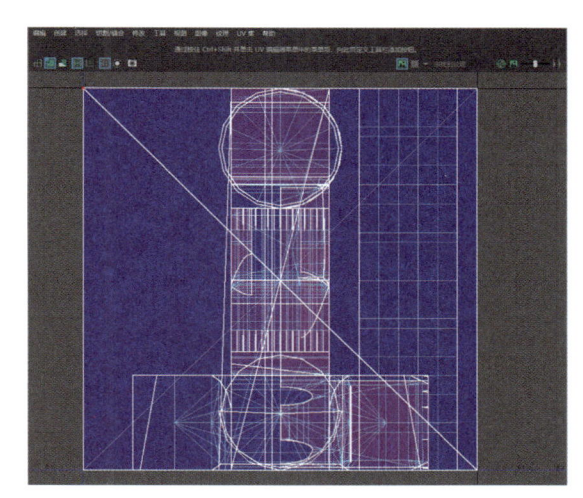

图3-53　UV平面编辑的空间

图3-54　UV的工具包及重要命令

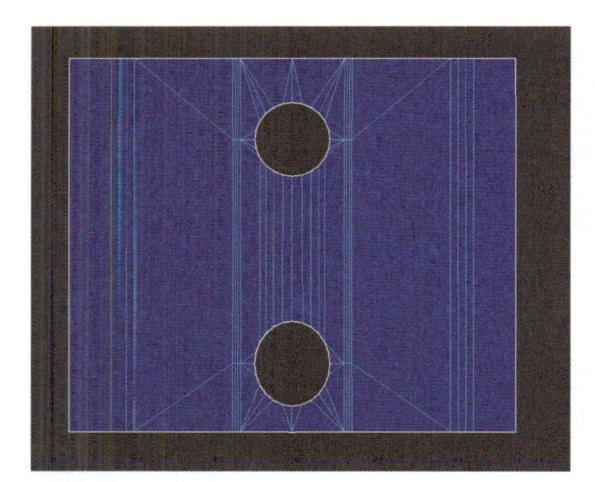

图3-55 步话机主体UV

者是"Y"轴可以实现几个点打直的效果（图3-55）。

（2）听筒、话筒部分。该部分的两个圆柱带有一定的倾斜角度，所以拆分后的UV像两个拱桥的造型。为听筒准备两条切开的线，一条在整个圆柱的底部，是需要与步话机长方体结构分开的一条环线。另一条是圆柱上的一条线，用作缝线。一般来说，最下面的线段在游戏中不容易被玩家注意，所以选择它作为剪切线。

话筒圆柱上拆开的线与听筒的正好相反，选择最上面的线段作为剪切线（图3-56）。

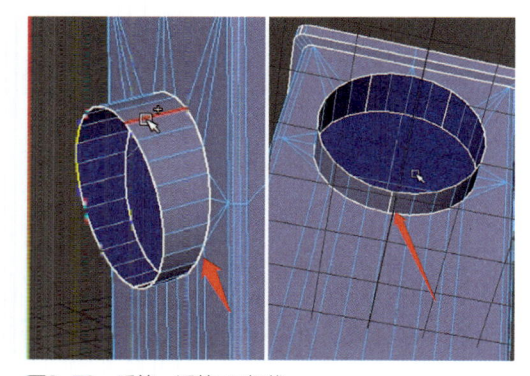

图3-56 听筒、话筒UV切线

两个UV拆完之后需要将最下侧的UV线进行打直处理，让整个UV底部的线段保持平整的状态（图3-57）。

此外，步话机机身上还有两个靠近话筒和听筒的黑色材质部件，也需要拆开。因为材质不同，需要将两个模型单独拆解。同样的思路将其拆解成一个圆加一个矩形的UV（图3-58）。

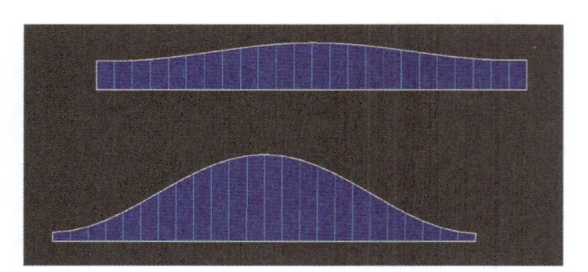

图3-57 听筒、话筒UV

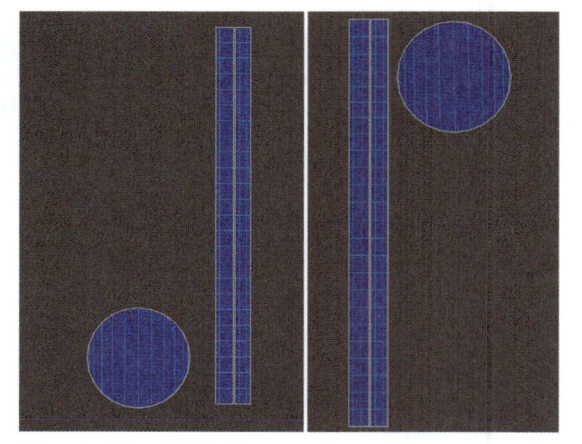

图3-58 听筒、话筒盖子UV

（3）顶部与底部的盖子。两个盖子在顶部和底部都有凸起的结构，但凸起结构并不明显，可以将凸起结构的UV与顶部或底部合并在一起。在此基础上，选择将整个盖子拆解成方形的UV。

一般情况下，类似于盖子厚度的UV需要单独拆分，使其变成一个长条状的矩形。但是由于盖子结构的高度相对较小，所以采用将高度一圈的UV缝进顶部的完整UV内。下面的面可以单独拆分，因为此部位的UV不太重要（图3-59）。

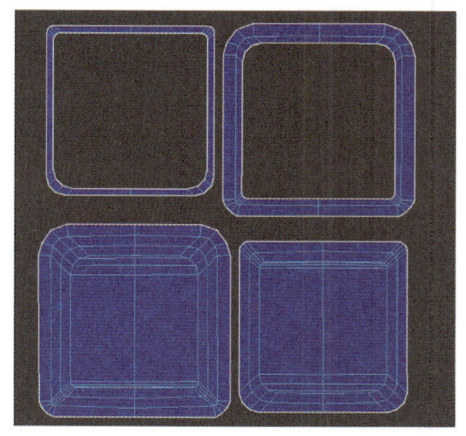

图3-59 步话机顶部、底部UV

3. 天线与异形螺栓（🔗 资源链接 视频：部分零件UV拆分）

天线是由一个半球状的头部与一个上下大小不太均等的圆柱结构组成的。制作方法是将顶部的半球状与下面的圆柱拆开，将顶部拆成一个正圆，下半部分拆成一个接近扇形的造型（图3-60）。

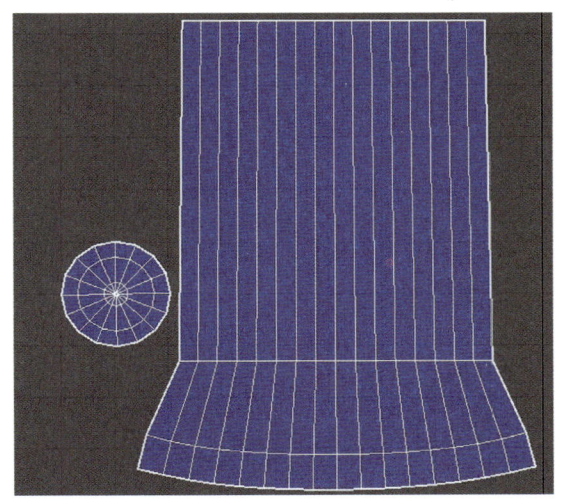

图3-60　天线UV

4. 直纹旋钮

直纹螺旋是一个有倒角的圆柱，需要考虑拆线的问题。一般来说，在游戏中看到此模型都是俯视角度，很少会有仰视角度。因此，本案例中将选择上下圆环为UV的拆线处，中间厚度部分独立拆解。最终得到两个圆及一个长条状的UV（图3-61）。

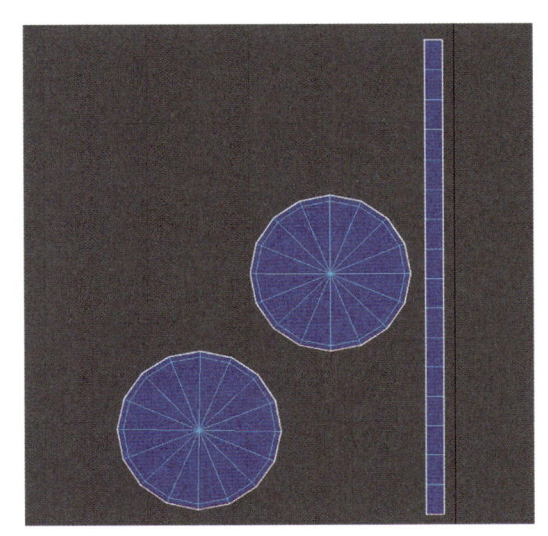

图3-61　直纹旋钮UV

5. 侧面矩形凸起

该结构由于凸起的高度并不高，而且都是同一材质。基于以上两点，选择将整个模型的UV全部并入整体造型，方便后续调整（图3-62）。

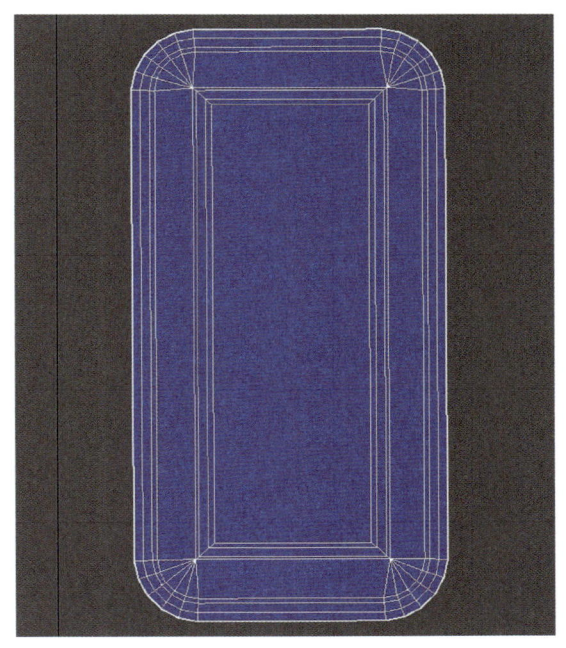

图3-62　侧面矩形凸起UV

6. 金属环形扣

此处的难点在于它是一个闭合的环形结构。将环形扣内部一条线拆开，将整个UV像外套一样平整地剥离（图3-63）。

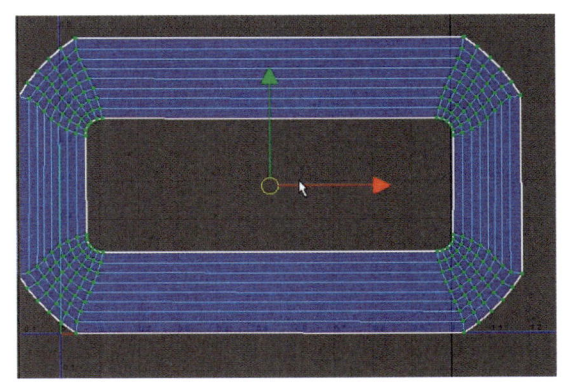

图3-63　金属环形扣UV

7. 拎带

拎带造型可以简单理解成一个长条状矩形。这个结构的UV切线很自然地选择了内部一圈环线，而拎带的厚度则全部缝合在外部的UV上。由于带子是不规则的造型，需要对UV进行打直处理（图3-64）。

图3-64　拎带UV

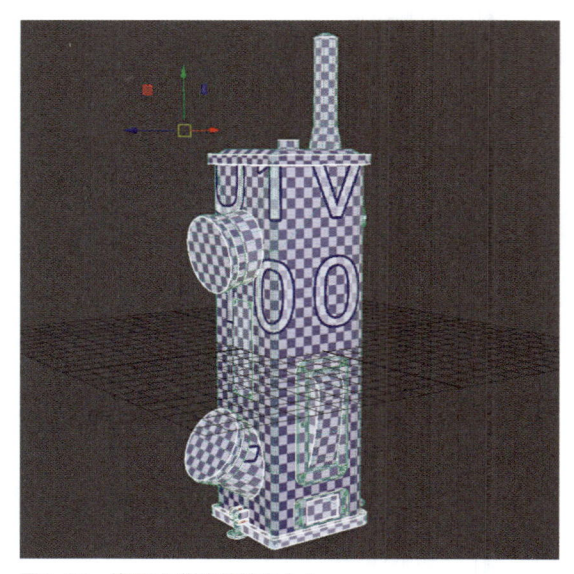

图3-65　使用UV棋盘格检查大小

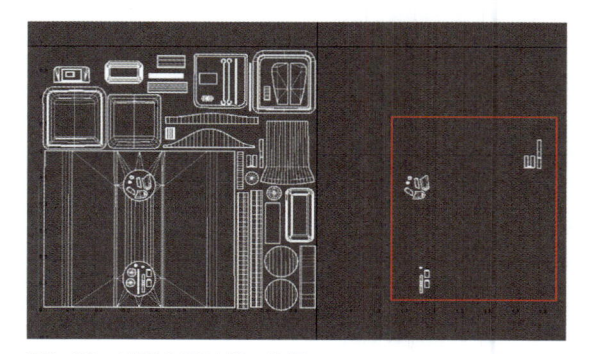

图3-66　共用UV移出第一象限

8. 其余部分造型的UV

剩余部分造型的UV拆解较为简单，都是基础模型结构，可以参考配套视频进行拆解学习。

（三）UV排列（资源链接　视频：UV排列）

1. UV大小

拆好单独零件的UV后，需要对整个UV进行排列。此前，每个零件的UV都能通过棋盘格的方式保证其比例、大小是准确的，但是整个模型的大小完全不统一。这时需要选中所有的模型，打开棋盘格，以一个稍大物体的UV比例作为参考来改动其他UV的大小。本案例中采用的是以步话机主体的UV尺寸为基准，调节其他零件的UV大小，最终将UV调整为图3-65合适的比例大小。

2. UV排列

此时的UV排列比较随意，基本都不在第一象限中，接下来需要将这些UV通过手动摆放的方式完整地缩放在第一象限中（图3-66）。红框部分则是模型共用的UV，在完全摆好UV位置的基础上选择，在UV工具包中找到"变换"下"移动"的命令，点击移动到右侧即可。

（四）UV整理（资源链接　视频：UV整理）

1. 大纲视图中模型文件整理

在模型制作的过程中，Maya大纲视图中会产生很多重复或无用的内容。在UV编辑完成后一定要对此进行整理，方便后期烘焙贴图。

首先全选整个模型，删除历史记录。这一过程中会删除一些无用的模型，也有一些内容无法删除。这需要对每一个模型逐个点击，从面数的显示中可以看出此文件是否有用。

2. 高模、低模文件重新命名

当删除无用的文件后需要将高模、低模分别进行打组处理。按照模型的顺序进行文件的重命名。本案例中高模组的名字被编辑为"H"，组中包含的文件都是以"H"开头，按照顺序进行命名；低模的名字被编辑为"L"，组中包含的文件都是以"L"开头，按照顺序进行命名（图3-67）。

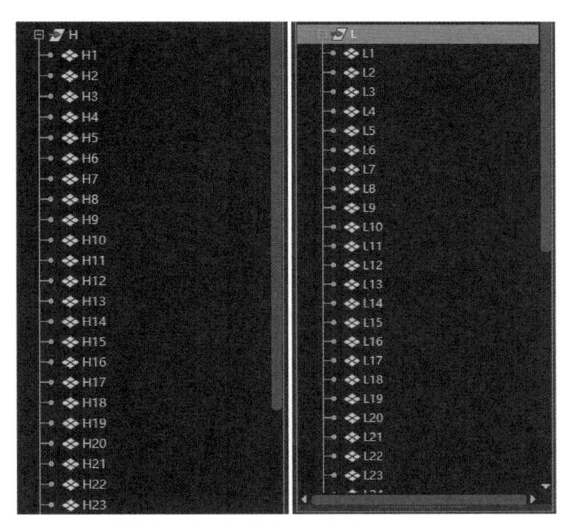

图3-67　高模（左）与低模（右）命名

（五）高低模型分离（资源链接　视频：高低模型分离及软硬边设置）

在后期烘焙阶段，一般会通过软件烘焙出一张Normal图及一张AO图。烘焙Normal图时，需要将整个模型在高低模对位的情况之下全部炸开（图3-68）。

图3-68　高低模零件分离

在Maya软件的下方有一个时间轴，本案例通过列关键帧的方式将步话机的高低模分为两个版本：一是全部炸开，方便后期导出模型烘焙Normal使用；二是按照原来的位置不变，留给后期烘焙AO使用。

后面一帧是所有零件的炸开状态，第一帧则保持了步话机原始的结构状态。

（六）软硬边设置

1. 软硬边概念

当一个模型在三维世界中都是软边，那么它将失去边缘的概念，整个物体看起来边缘模糊（图3-69），而全部都是硬边，整个物体则看起来有棱角（图3-70）。

图3-69　软边效果

图3-70　硬边效果

设计师对待模型要有基本判断：当角度大于或等于90°的时候，选择将这条边设置成软边，而小于90°的时候，则设置成硬边。

2. 软硬边显示及设置

选择模型之后，点击Shift键加上鼠标右击会出现"软化/硬化边"的命令，此后会跳出二级命令，选择"软硬边显示"即可（图3-71）。

图3-71 设置软硬边

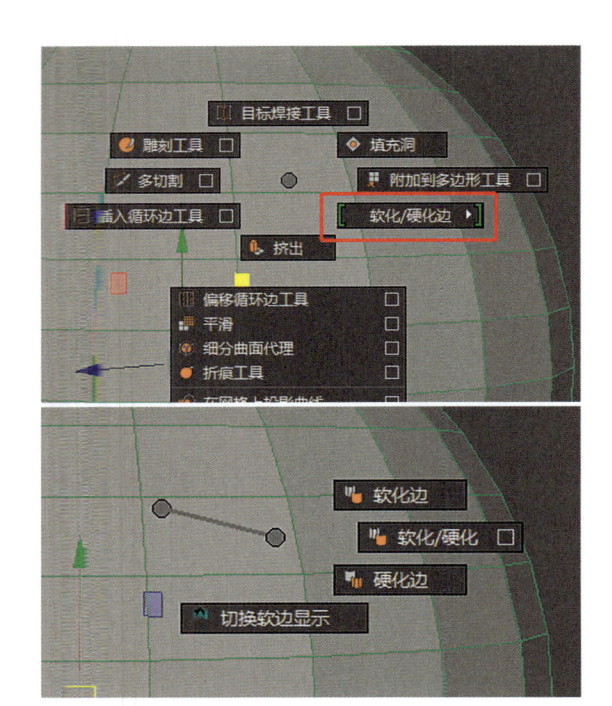

当选择最右侧的"软化/硬化"命令后，模型会被软件自动设为软硬边，只需再检查是否正确即可。最重要的是设为硬边的UV必须要拆开，所以还需要检查UV的剪切线是否正确。如不正确则需要继续调整。

三、烘焙贴图

（一）烘焙基础

次世代模型最重要的是将高模的信息通过烘焙的方式并利用贴图展示在低模上。根据不同的项目可以烘焙多张贴图，但是最主要的就是Normal和AO这两张贴图。

（1）Normal贴图也被称为"法线贴图"或者"normal map"。它通过R、G、B三个通道将斜面的方向及陡峭的高度信息全部展示出来。它可以完美地将高模上所有凹凸的细节通过Normal贴图映射到简洁、平整的低模上（图3-72）。

（2）AO贴图全称"Ambient Occlusion"，它是环境光遮蔽贴图。通过AO贴图，可以将模型与模型之间，或者模型在环境下受到光照所产生的阴影展示出来（图3-73）。

（3）Curvature贴图指的是曲率贴图。默认情况下，曲率图是用灰度样式呈现的，其中凹细节是明亮的，而凸形状是暗的。曲率贴图对生成划痕、凹进的污垢和生成其他效果的遮罩非常有用（图3-74）。

（4）Position贴图是梯度贴图。这种类型的图看起来是彩色的，其主要作用就是输出模型的位置，以此来实现模型底部到顶部的渐变效果。比如墙角的灰尘等（图3-75）。

（5）Thickness贴图代表的是厚度贴图，同时也被称为透贴。在这种类型的图中，明亮度高代表模型中薄的地方，明度低的则代表模型中比较厚的地方（图3-76）。

图3-72 Normal图

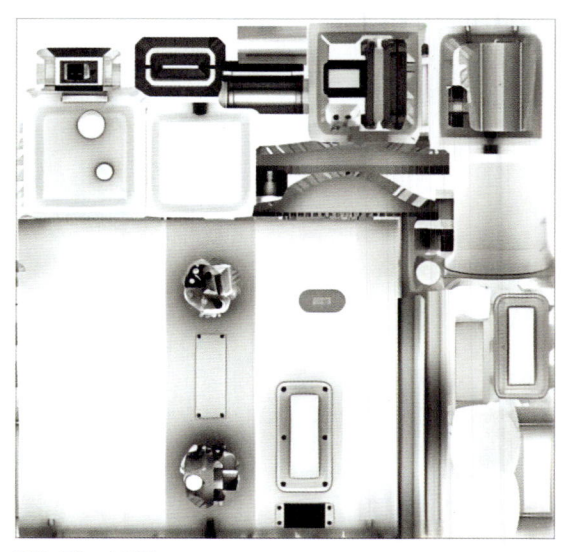

图3-73 AO图

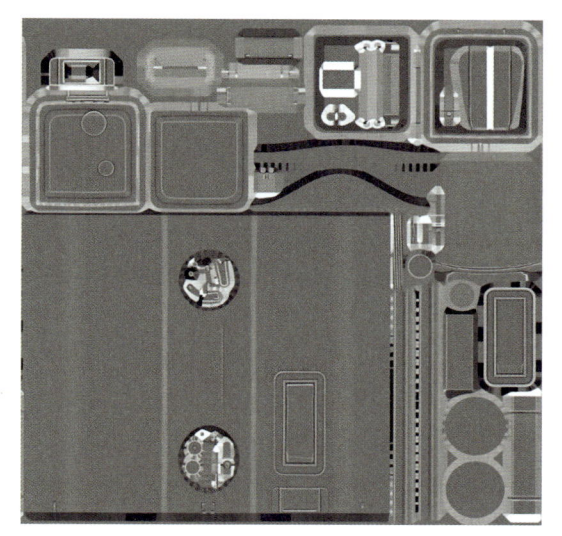

图3-74 Curvature图

图3-75 Position图

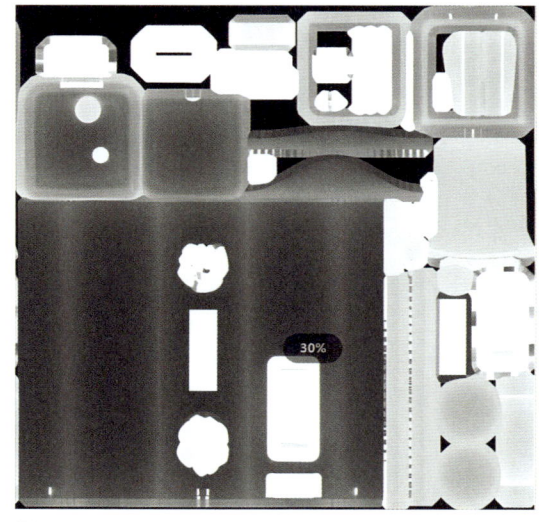

图3-76 Thickness图

（6）ID贴图。一般来说，一个道具中存在几种甚至很多种材质，这些材质就需要不同的材质球来表现（图3-77）。

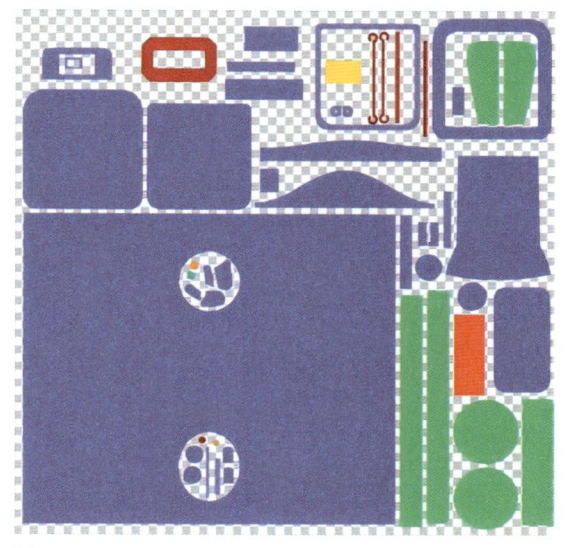

图3-77 ID图

（二）烘焙前期准备

1. 软件安装

本案例烘焙阶段均采用八猴渲染器。虽然有很多烘焙的软件及插件，包括Maya自带的烘焙工具均可使用，但是八猴渲染器是次世代游戏产业中最常用也是效率最高的一个。所以本书会选择这款软件来讲解。

八猴渲染器全称"Marmoset Toolbag"，它是一个体积小但功能非常齐全的3D实时渲染的小型引擎。它组成了烘焙、动画、灯光、模型渲染、材质等一系列的三维渲染工具，非常适合个人作用或者游戏、影视等行业人士使用。

2. 软件介绍

软件打开之后主要有8个主要窗口，详细介绍可在配套视频中查看。

3. 软件基础

（1）操作。三维操作区的鼠标和键盘的配合操作与Maya软件基本一致。"Ctrl+鼠标左键"——旋转窗口内容；"鼠标中键"——移动窗口内容；"鼠标滚轮"——缩放窗口的大小。此外，"Shift+鼠标右击"可以控制主光照明方向。

（2）**文件打开与导入**。在菜单栏第一个"File"

中选择"Open scene"就可以打开之前做的文件。"Import model"可以导入模型，此外还可以直接将模型的文件拖入三维操作区。

（3）文件保存。点击"Ctrl+S"就可以将当前文件进行保存。

（4）背景选择。八猴渲染器每次打开时背景有时会不一样，背景图的作用相当于一个虚拟场景，影响着文件的光线强度、光的冷暖、光照的方向等（图3-78）。所以需要对此背景进行设定。点击大纲视图中的"Sky""Image"可导入自己准备的HDR图片作为光源。点击右侧的"Presets"，可以从软件自带的素材库中选择适合的HDR（图3-79）。若不想要真实背景，可以选择下拉菜单"backdrop"中"mode"里的"color"，或者是其他的背景。选择纯颜色背景的同时，在右侧的"color"里可以选择背景颜色（图3-80）。

图3-80 设置纯色背景的颜色

（5）项目文件夹。在项目文件夹中，新建"texture"的文件夹，用于存放烘焙出的几张贴图。

（6）模型导出。将Maya中的模型按照烘焙Normal的模型以"high-n"和"low-n"的方式来命名高低模，烘焙AO的模型以"high-ao"和"low-ao"方式来命名高低模。

4. 烘焙（八猴）（资源链接 视频：烘焙Normal及AO）

（1）烘焙Normal贴图。在八猴软件中导入"high-n"和"low-n"模型。点击烘焙的快捷按钮，下方的大纲视图中会出现"Bake 1"或者"Bake Project 1"。Bake项目中包含了"High"和"Low"这两个小组。分别按住"high-n"和"low-n"两个模型，再移动至上述的两个小组中（图3-81）。

图3-78 八猴渲染器中的背景

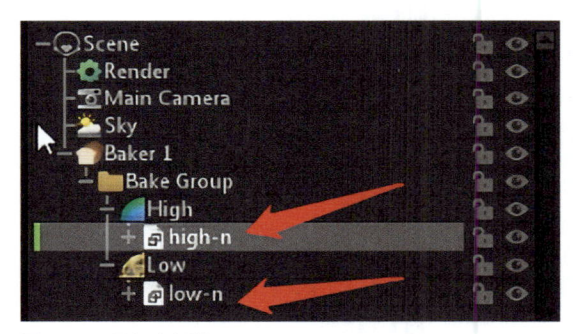

图3-81 导入高低模

此时，如果"High"小组后面的小眼睛是打开状态，请关闭它，因为烘焙的时候是不需要看到高模的模型的。

点击"Low"小组，下方会出现一些可修改的参数。同时，低模的外侧像有一个绿色包裹物罩着，这个包裹物就叫"Cage"。它的作用是将高模表面的凹凸信息传递到Normal贴图上。点击"Bake 1"或者"Bake Project 1"，调整参数及

图3-79 设置背景环境

更改相关的设置。

修改烘焙贴图保存位置。点击"Output"下方右侧的小点，在跳出的文件夹选项中选择前期为烘焙所准备的"texture"文件夹。将名称命名为"phone"，并且将保存文件的格式改成"Targa Image"。

"Output"下方的Samples和format数值可以选择高一些的。

Texture Sets中烘焙贴图的大小可以设置成2048×2048，也可以设置成4096×4096。本案例中，贴图尺寸采用后者。

在下方的Maps中，选中Normal项，暂时不需要做添加，后期需要烘焙AO，或者做其他贴图的时候，如果下方没有相应的选项就需要点击"configure"按钮，在右侧的预选中勾选相应的名称，这样就可以在Maps下方显示（图3-82）。每次需要烘焙的贴图只需要在前面勾选即可。

此时，需要设置的参数全部完成，只需点击"Bake"即可。有时也可以先点击右侧的"P"进行预览，再点击"Bake"（图3-83）。

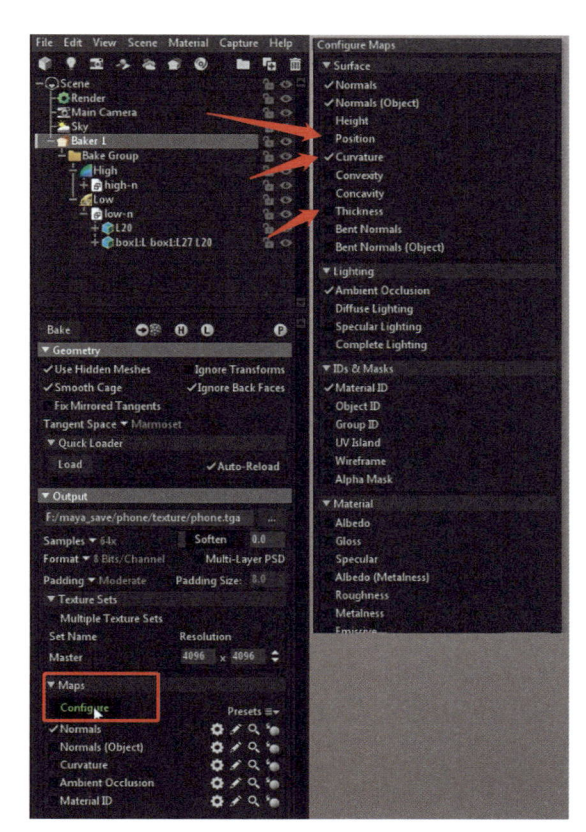

图3-82 选择需要烘焙的贴图选项

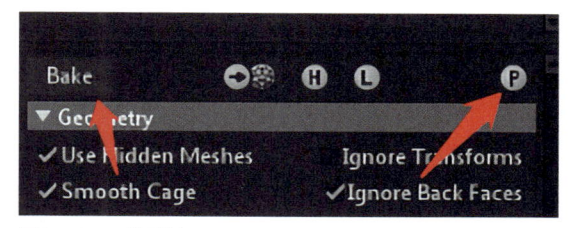

图3-83 开始烘焙

（2）烘焙AO贴图。删除文件中原本烘焙Normal所保留的模型，重新导入"high-ao"和"low-ao"的两个模型进入八猴软件。

此时再执行上述烘焙Normal贴图的操作和设置相同的参数。只是在最后一步中，将Maps下方的"Normal"前面的勾选去掉，在下方"Ambient Occlusion"前勾选即可直接点击烘焙。

如果还需要烘焙其他贴图，可以按烘焙AO的模型进行其他贴图的烘焙操作。烘焙出来的贴图可以在八猴渲染器中贴上检查，也可以在Maya或者其他软件中检查是否有问题。

（三）修正normal贴图（资源链接 视频：修正normal图）

很多时候一次烘焙贴图的结果不一定完全可用，有时可能是软硬边设置的问题，有时可能是UV的问题。总之，这些问题都需要再次烘焙才能得到更满意的贴图。

本案例中，步话机烘焙的边缘由于是软硬边设置的问题，需要重新在Maya中对模型及UV进行修改，然后重复上述烘焙的操作。

（四）制作ID贴图修正normal贴图（资源链接 视频：制作ID贴图）

1. 导出UV

选中模型并打开UV编辑器，选中所有的UV壳，点击UV快照图标。修改文件的名称及尺寸，点击应用并且关闭。

2. 使用PS打开UV

由于图片尺寸较大且导出的UV只有1个像素的线条，所以需要将UV修改得明显一些，方便后续操作。

在Photoshop中按住"Ctrl"后点击图层，此时需要选中图层中所有的内容。选择矩形或者原型选

框工具　右击选择描边，将描边像素的参数调大一些，同时将颜色选为较为鲜艳颜色，方便查看。

3. 根据材质填色

根据材质进行分类，在UV图中按位置进行不同颜色的绘制，最终形成一张具有明显色彩且不同材质的区域图（图3-84）。去掉图片的底色，保存为PNG格式。

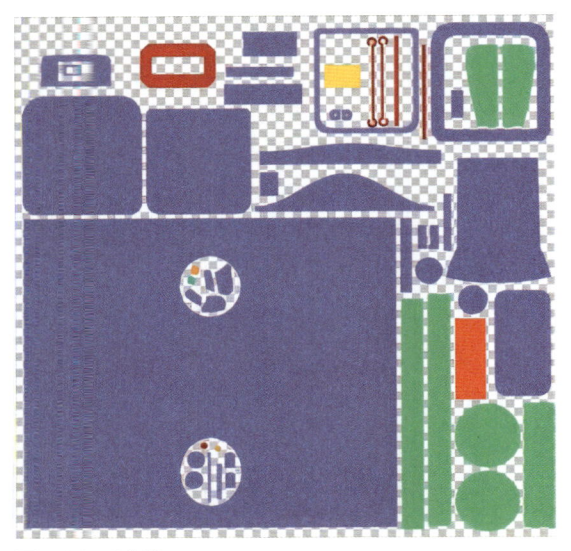

图3-84　ID制作

四、材质制作

（一）材质基础

次世代游戏制作中最重要的材质制作主要采用PBR（Physicallly-Based-Rendering，基于物理渲染）的技术手段，可以通过使用Base color（基准色）、Roughness（粗糙度）、Metallic（金属度区分）在虚拟游戏世界中创造出材质的真实质感。

掌握这套技术既可以做出真实的材质，也可以基于真实材质进行风格化的处理。

（二）制作材质的前期准备

1. 软件安装

本案例及之后案例中的材质制作均采用Substance Painter软件。目前这个软件被Adobe公司收购，改名为"Adobe Substance 3D Painter"。它的安装方式与Adobe旗下的其他软件基本一致。需要注意的是该软件对电脑性能的要求较高，尤其是对显卡的要求，尽可能配置高性能的显卡，方便后期制作。软件安装完成之后需要修改缓存盘，以此让软件运行更快。

2. 软件介绍（资源链接　视频：SP材质理论）

Substance 3D Painter是一款非常强大的三维材质设计绘制软件。它同时还拥有烘焙、渲染和自动UV的一些功能，广泛用于游戏、影视制作、产品设计、时尚和建筑等行业，是很多创意专业人士首选的3D材质应用程序。

软件内部包含大量的基础材质，以及智能材质包和在线素材库，预设的一些遮罩和笔刷可以随时根据项目进行修改。

软件采用非线性的工作流程，每个笔刷所创作的材质都可以随时修改和保存。完成设计后导出的材质贴图，可以运用在各种三维软件及游戏引擎中。

软件窗口界面介绍可在配套视频中查看。

3. 软件基础（资源链接　视频：SP操作基础）

操作：三维操作区鼠标和键盘的配合操作与八猴渲染器的操作一致。

文件打开与导入：在菜单栏第一个"文件"中点击"打开"命令，打开之前制作的文件。如果需要新建场景可以直接点击"新建"。在新项目的窗口中点击文件"选择"，导入选中的模型。添加材质（Import Baked Maps），将之前烘焙的Normal、AO、Curvature等烘焙贴图全部导入。

文件保存：点击"Ctrl+S"就可以将当前的文件进行保存。

4. 材质理论基础

对于BPR材质来说，最重要的就是基准色，粗糙度，金属度区分。

基准色指物体的原本色彩。例如，一个黄色的飞盘，它的固有色就是黄色。

粗糙度指物体表面粗糙的程度。例如，一块磨砂的玻璃，它的粗糙度就要高一些，这里的高是通过黑白效果来展示的（图3-85）。

图3-85　光滑度材质理论

Metallic表示物体是金属还是非金属，它同样也通过黑白效果来进行区分（图3-86）。

图3-86　金属度材质理论

（三）制作材质（资源链接　视频：材质贴图制作）

1. 导入素材

在菜单栏中点击"新建"，最上侧的文件指的是要导入的低模文件，下侧则是前期烘焙的所有贴图文件。由于导入贴图的文件比较多，所以贴图文件的命名在此刻就显示出了重要性。

2. 添加烘焙贴图

在纹理集列表中选中其中一个材质或一个模型，按列表上的信息添加此前导入的烘焙贴图。有时烘焙贴图只有二三张，不能达到要求的7张，后续可以通过用已有的贴图进行直接烘焙，以得到其他贴图。

一定要先将纹理集列表中所有的材质按相对应的贴图选择好，之后才能点击烘焙贴图这一选项。

烘焙的时候切记取消选择已有贴图的选项，有时项目中不使用ID贴图的，可将选项关闭。在烘焙的时候，贴图的尺寸要与之前的尺寸保持统一，即原来尺寸是2K（2048×2048）或者是4K（4096×4096）时，贴图尺寸也需相同。

3. 步话机机身材质

由于步话机机身涉及的材质较多，所以为了做区分并且更好地运用这些材质，需要给不同的材质进行分组。

（1）分组并且选择ID遮罩。 在图层中新建文件夹，并对其进行命名（合理且看懂即可）。继续添加一个填充图层，将其置入刚刚新建的步话机机身的文件夹中。此后对其属性进行修改。首先点击"Color"，为机身选择基础的颜色；其次适当地调整粗糙度；最后再将涉及不到的"normal"和"height"选项关闭。

在机身的文件夹上右击，选择"添加颜色选择遮罩"，点击"选取颜色"按钮后，步话机变成了ID的颜色。将吸管放置在步话机的机身颜色上，点击吸取，此后文件夹的所有颜色和材质都将只能影响这一块区域（图3-87）。

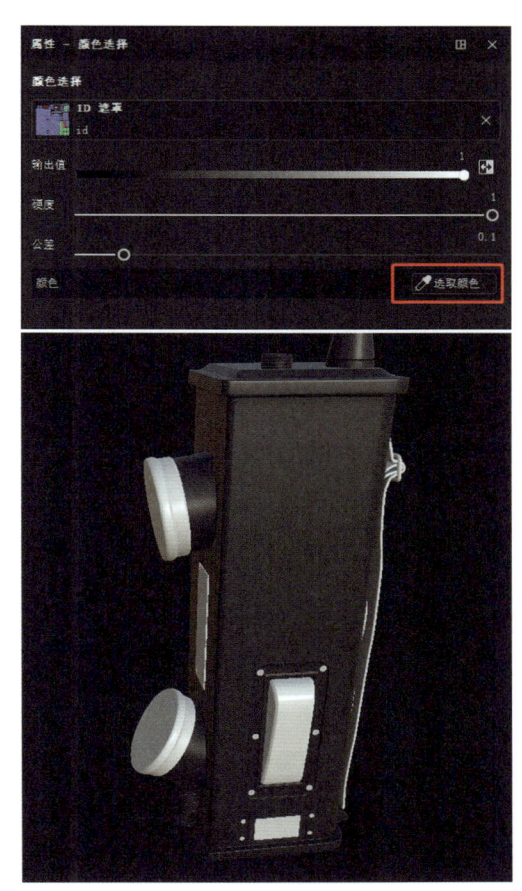

图3-87　根据ID图进行不同材质区域选择

（2）添加基础材质。 从这个步话机的制造年代及工艺来判定，它是铸铁的材质，从材质球中选择相应的材质添加进来（图3-88）。此后删除智能材质球中无用的图层，并在属性中调整相应的参数，以达到想要的基础材质效果（图3-89）。

图3-88　基础材质

第三章　角色道具——步话机 | 055

图3-89 基础材质效果

（3）漆面效果添加。添加一个填充图层，选择与参考图一致的绿色。在现实世界中，道具在使用中会有掉漆、磨痕、脏污等痕迹，所以需要在其基础上进行修改。在漆面的图层上添加黑色遮罩。在黑色遮罩上再次点击右键添加"颜色填充"。在程序纹理中选择合适的效果并拖动放置在"灰度"上。继续调整参数以达到想要的效果。

继续添加两个填充图层，这个操作是让步话机再多两层漆，调整漆的颜色及一些参数。这样可以让整个表面看起来更加真实（图3-90）。

（4）锈迹。在材质中选择"Rust Coarse"铁锈材质，放置在步话机的主体文件夹下。调整铁锈的颜色及相关的纹理参数。

在铁锈的图层上添加黑色遮罩，再添加"添加生成器"。在生成器中选择可修改模式（图3-91）。调整参数，将锈迹的效果表现得真实且美观（图3-92）。若生成器参数不合理，可以选择手动画笔来调整。

图3-91 添加生成器

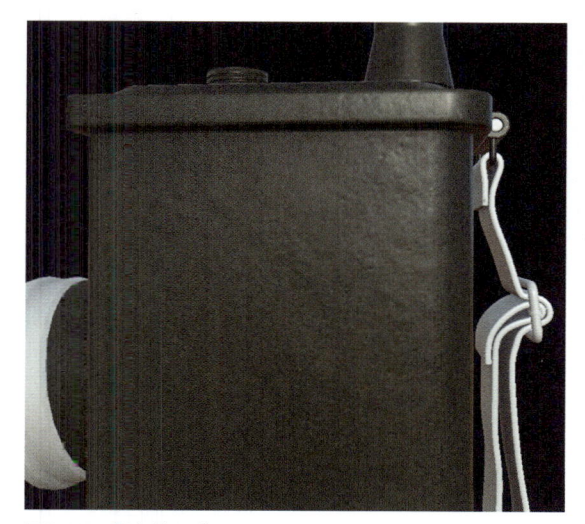

图3-90 添加漆面效果

图3-92 添加锈迹

（5）磨边、划痕等效果。在材质中选择"Iron Raw Damaged"材质放置在机身文件夹中。以同样的方式添加黑色遮罩和生成器。调整参数，让步话机机身上展示出一些正常使用的划痕。有些部位也需要手动绘制。

4. 步话机其他材质

根据上述步话机机身的材质制作方法，为其余的零件进行材质的添加。在添加的过程中注意基础材质、磨损情况、使用习惯等。整体做法不再赘述。

5. 步话机的凹凸以及印花效果

（🔗 资源链接　视频：在SP中利用ps画图制作模型上的凹凸及印花材质技巧）

在Substance Painter中可以通过黑白图片的形式让模型看起来有凹凸的效果。

（1）凹凸效果。根据听筒与话筒的参考图片，需要在Photoshop或其他绘图软件中绘制一张具有凹凸纹理贴图（图3-93），并将其导为PNG格式。

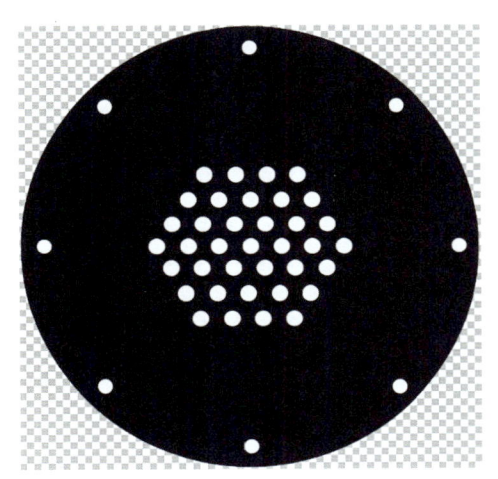

图3-93　绘制凹凸通道图

图3-94　高度图层

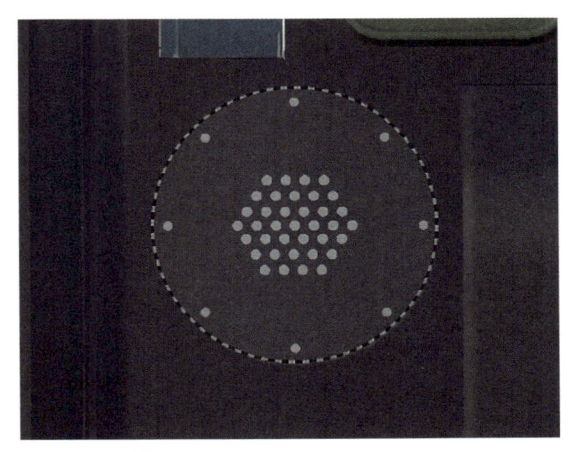

图3-95　映射

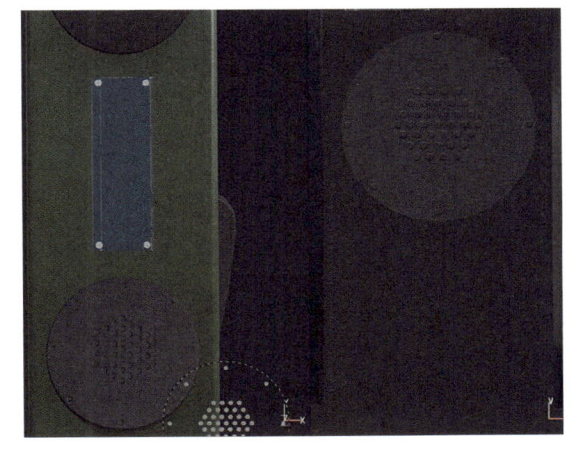

图3-96　凹凸效果

将做好的图导入SP中，导入选项选择"alpha"，在资源选项中选择"当前会话"，打开二维操作窗口，先找到听筒和话筒的圆形位置。在听筒与话筒的材质文件夹中添加一个填充图层，除"height"以外，将此填充图层的材质信息，全部勾选（图3-94）。将"height"的数值调至"0.4"左右。在图层上添加黑色遮罩，在黑色遮罩上添加"添加填充"，在填充的图层上再右击添加"添加绘制"。此时在右下侧的属性中点击"ALPHA透贴"的命令，选择之前做好的话筒凹凸的图片。调整画笔大小，将图完全映射在平面的UV材质上（图3-95）。点击左键，将凹凸的信息呈现在立体的步话机听筒上（图3-96）。

听筒的凹面也按相同的方式制作。

（2）彩色印花。根据凹凸效果的方式，在平面的软件中设计好彩色印花的纹理。这里需要注意的是，图片尽可能尺寸大一些，且颜色要准确。制作好后导出PNG透明通道格式的文件。

以同样的方式将图片导入SP的项目中，添加一个普通图层。材质信息内容只选择"Color"选项。在"Base Color"按钮上点击，选中所需要的彩色印花图（图3-97）。

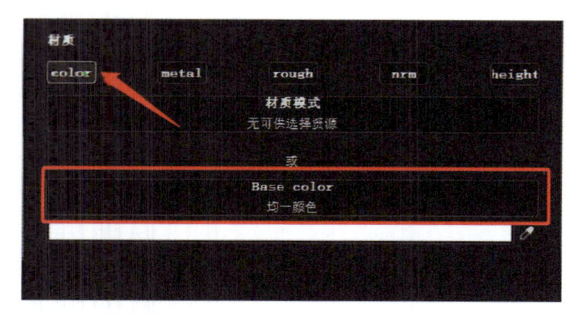

图3-97 彩色印花设置

在三维的窗口中或二维的窗口中点击鼠标左键，可以将此前绘制的彩色印花印在需要的位置上（图3-98）。

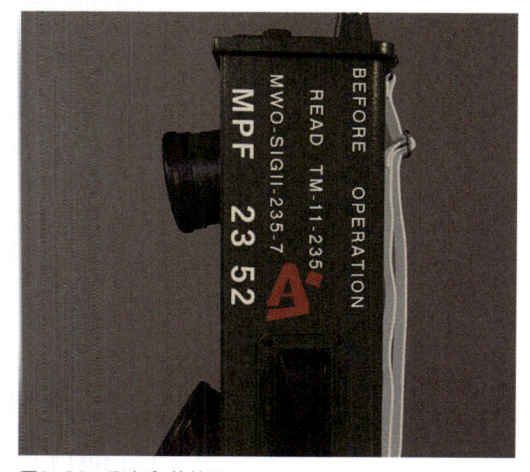

图3-98 彩色印花效果

6. 材质贴图的导出（ 资源链接 视频：SP导出贴图及如何在toolbag中贴图基础操作）

点击文件下方的"导出贴图"选项。首先需要更改导出的路径，这里选择源文件项目的路径地址，方便后期查找。后面的文件格式选择"TGA"，文件大小全部调整为"4096×4096"。以上就完成了整个材质贴图的导出工作。在文件夹中重新对文件的名称进行编辑，方便在渲染器中查找。

五、引擎渲染

（一）材质添加（ 资源链接 视频：toolbag灯光及渲染）

导入文件并且添加相应的材质

打开八猴渲染器，将前期的低模文件直接拖入软件界面中。有时会出现好几个材质球在右侧的材质信息栏中，删掉即可，需要重新设定材质球。

在下方Surface中贴上指定的贴图文件。"Normal Map"对应的是Normal贴图文件，"Roughness"对应的是Roughness贴图文件，"Albedo Map"对应的是Base color贴图文件，"Metallic"对应的是Metallic贴图文件（图3-99）。

图3-99 八猴引擎中添加正确贴图

（二）基础设置、灯光及相机

1. 渲染基础设置

点击设置，将"lighting"下的所有选项全部选中，打开下方的"Enable GI"选项，该操作可以让作品在三维世界中看起来真实感更强。

2. 灯光设置

在软件的快捷按钮中选中灯泡的图标，此时会出现新的灯光。有时整个背景与想要的风格或者颜色差别较大，可以先改变背景，具体操作可以参考烘焙部分的修改背景内容。

在大纲视图中点击新建的灯光，灯光的类型主要分三种：第一种是天光，第二种是运动光也就是追光，第三种是泛光灯。这些灯光的颜色，大小和距离都可以在参数中调整。

在虚拟空间中需要注意分清主光源和次光源，而且一定要确定这些光源的冷暖色调，这将影响最终渲染的效果。

3. 相机设置

点击大纲视图中的相机，在下方的"Focus"选项中勾选，这将开启镜头的对焦效果，根据下面的滑块参数可以调至想要的效果（图3-100）。

（三）导出渲染图片或视频

1. 单帧图片渲染

在菜单栏中点击"Capture"，点击"Image"即可，也可以点击"Setting"，在跳出的设置中选择保存的位置、图片的大小、是否保留背景图等的参数。

2. 自动旋转视频渲染

在菜单栏中点击"Capture"，点击"Setting"，在下方的"Video"中调整视频的大小及其他选择。在快捷图标中选择"New Tumtable"，新建一个新的视频工作台。在大纲视图中将模型的文件拖至"New Tumtable"中，视图中的参数不用更改。点击"Capture"，点击"Video"即可渲染视频。

图3-100 开启镜头对焦效果

第三节 课程任务实施

任务布置
角色道具制作训练

任务组织
（1）课堂实训：步话机道具全流程制作，需独立完成。

（2）课后训练：结合课程作业，进行简单渲染。

任务分析

1. 课堂训练任务分析
分阶段进行步话机的模型、UV、烘焙、材质的制作，完成渲染并输出效果图。要求以图3-101的造型作为参考，颜色可以自行修改与设计。

2. 课后作业任务分析
（1）结合课程大作业，理解并掌握角色道具制作的正确思路和技能。

（2）理解道具在不同环境和角色使用后的痕迹。

图3-101 课后作业

（3）结合现实材质对游戏中物体材质表现进行拓展性的思考。

任务准备

结合课程大作业，掌握正确的道具比例和材质要求，完成次世代游戏中角色道具的制作。

任务要求

（1）课堂训练分段进行，即分为模型制作阶段、拆分UV阶段、烘焙贴图阶段、材质制作阶段及引擎渲染阶段。

（2）课后训练使用Photoshop处理渲染的效果图。

本章总结

本章学习的重点是熟悉并掌握角色手持式小型道具的设计流程及操作要点，具备次世代游戏道具模型、材质、渲染制作的能力。特别是需要掌握整个流程所需要的软件操作能力。

课后作业

（1）完成课程大作业步话机的各个阶段内容（中模、高模、低模、UV、材质、渲染）。

（2）结合现实物体，谈谈材质对道具设计表现的影响。

思考拓展

除书中列举的种类外，角色道具还有很多种类，包括服装配饰、手持式常用物品等。这些道具在使用过程中是否能反映出使用者的一些习惯性动作？例如，左撇子在随身道具上所产生的磨痕与右撇子的不同。对于以上的观点，请基于对现实生活的认知，谈谈你的看法。

课程资源链接

课件

第四章　场景道具——中国传统灯笼

第一节　了解并分析纸灯笼

在了解中国传统灯笼文化的基础上，根据参考图对模型结构进行美术加工并进行制作。将灯笼外部材质制作成类似贴纸的半透明材质，表现灯光从内部散发的真实效果，最终完成灯笼道具的美术设计。如何将自发光的道具渲染出真实的效果是本节任务的核心。

知识目标
（1）了解灯笼的文化内涵。
（2）理解木制、纸质材质的制作原理。

能力目标
（1）具备物体拆分思路及分段化制作模型的能力。
（2）具备Substance Painter烘焙贴图的能力。
（3）具备自发光材质制作和渲染的能力。

一、资料收集

（1）中国传统灯笼是中国文化的重要象征之一，具有悠久的历史和独特的艺术价值。它是一种用纸、丝绸、竹子或金属骨架制成的装饰品，常用于庆祝节日、喜庆场合和装饰街道、庭院等地方。灯笼的外部通常采用彩绘或绣花技法，图案多种多样，常见的有花鸟、动物、传统人物、神话故事和民间传说等。灯笼内部常使用蜡烛或电灯，以此产生柔和的光线，营造出温馨、欢乐的氛围。

（2）中国传统灯笼以其独特的造型、精美的工艺和寓意深远的图案，成为中国文化的代表之一。无论在中国还是在世界各地，中国传统灯笼都是一种受人喜爱的艺术品，展示了中华文化的博大精深。

在角色扮演游戏（RPG）或动作冒险游戏，特别是以中国古代背景或仙侠题材为基础的游戏中，传统灯笼常会出现在城镇、庙宇、街道场景中。它们可以用来装饰街道、建筑物，或者作为任务和活动的一部分，增添游戏的文化氛围。

本章节主要以三个灯笼实例（图4-1）为制作的主要参考，在制作中会根据复杂程度进行拆解，并且会详细讲解整体的制作思路，模型制作完毕后在Marmoset Toolbag中模拟夜晚蜡烛点燃照亮的效果并进行最后的渲染出图。

图4-1　传统灯笼参考

本章节涉及从中模、高模、低模、UV再到渲染的整个流程，建模全部使用Maya制作，在之前章节中出现过的简单命令和重复操作内容，在这一章节的案例中会进行简化讲解。

二、任务分析

在大型模型处理阶段，过于细小的结构可以先进行如图4-2所示的红圈范围的孔洞制作。这里需要先进行概括，忽略孔洞围绕边缘，进行造型制作。

在中模阶段，最重要的是剪影，中模最后需要深入细化，但是开始制作基本结构的时候需要简单表示，除此之外是概括出某些形体，方便之后对造型的比对。

另外，还需对整个灯笼进行整体的分区（图4-3）。

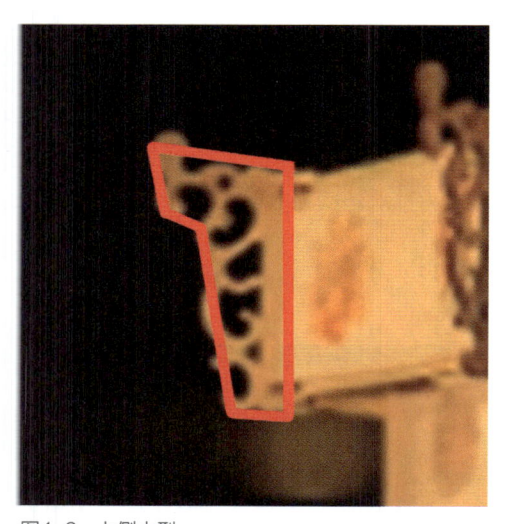

图4-2 上侧大型

图4-3 拆分两个部分

该灯笼主要由两部分组成，且上下均为六边面，但是上部整体较宽大，高度没有下部的高。下部为一个高挑的六边形，几乎可以视作为上部结构缩小后再进行竖向拉伸后得到的结构。另外，灯笼造型为六边面，每个面之间会有细小的夹板，但正是这些夹板将灯笼连成整体（图4-4）。

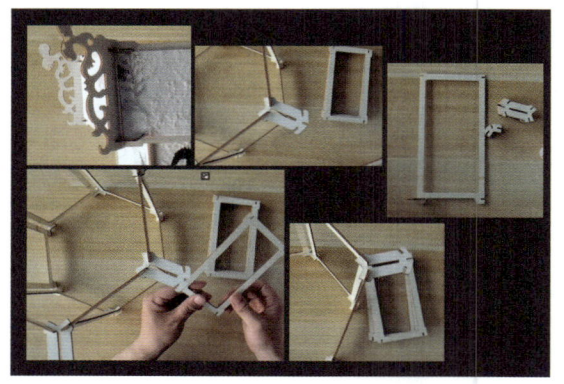

图4-4 灯笼主要结构

第二节　纸灯笼全流程制作

一、模型制作

（一）中模　🔗资源链接　视频：中模

1. 剪影

根据参考图将模型进行拆分并进行归纳解，方便理解灯笼的整体结构和制作思路。从图片（图4-5）中可知，此处将模型进行了整体归纳处理，将灯笼造型一分为二，分成了顶部和底部不同的结构。

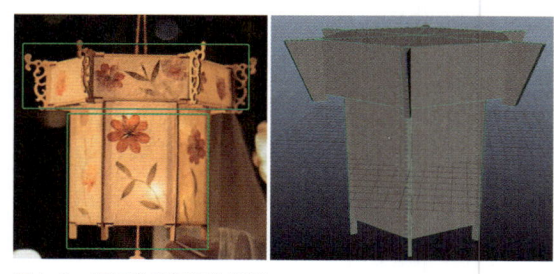

图4-5 根据参考图制作简模

以此图为参考依据制作简模，顶部和底部在本质上是不同造型的六面体。顶部的模型为高度较短的六边形柱体，面面相交之间的夹板结构为梯形；

底部模型虽然也是六边圆柱，但是与顶部结构相比较整体瘦长，且在块面交界处有长条形的夹板。

该图作为模型的制作框架参考，可以先将它打组隐藏，方便后续精细制作时参考。

根据图4-5开始制作属于自己的简模。新建一个六边形柱体，然后设置它的横向段位为6，满足基本造型。

模型具体数值参考真实物体大小，在虚拟空间中给予相同的数值。整体观察会发现模型呈现一种"胖"的趋势，缺乏灯笼的典雅造型。

在顶视图中进行形体比例调整，在调整时可以在点线面个模式进行切换。另外这里不建议直接将参考导入软件进行贴图参考，原因如下：

（1）灯笼的参考并不齐全，存在诸多缺失，包括现有参考都有一定的透视的，所以并不准确。

（2）当前流程的主要目的是锻炼观察能力，直接导入参考制作，有利于这个快速建模，但无法培养形体意识，不利于美术形体意识培养。

2. 夹板

灯笼每两个面之间都有一个作为支撑的竖条，在此称之为夹板。快速制作夹板自定义轴心位置。物体的复制和镜像都依赖轴心的定位。定位轴心之后，可快速复制灯笼的隔板。

灯笼的夹板除了顶部区域和底部结构都有，且顶部的夹板造型更为复杂，呈现比较丰富的梯形造型，可以复制底部的夹板，再调整点线面，然后设置轴心，快速复制一周（图4-6）。

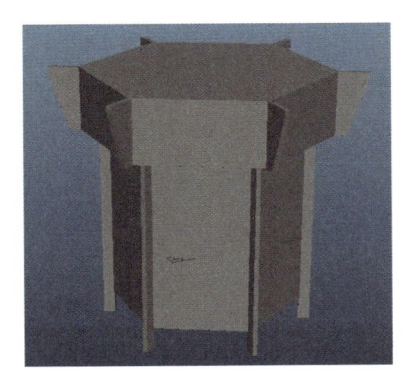

图4-6　夹板制作

使用"Alt+B"可以切换Maya自带的3D视图背景，在无光模式下模型呈黑色，将视图背景切换为白色便于制作中的观察（图4-7）。在美术创作

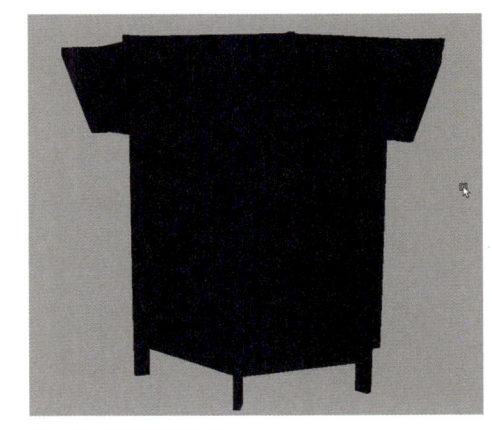

图4-7　检查剪影效果

中，此种方式也常用来启发正负形的创作。

3. 灯笼木架

根据参考更进一步地分析灯笼结构，可以发现灯笼的上半部分与下半部分都是由6个面构成，每个面都是单独分开的，内里是木架制作而成的中空结构，表面是由贴纸覆盖的薄片（图4-8）。

图4-8　灯笼表面贴纸

先取一个面，利用多切割处理，删除其他多余的结构。这个模型将此模型视作灯笼的基础木架，将轴心设置在世界中心，然后绕X轴旋转60°进行复制，最终形成灯笼六个独立面框架（图4-9）。然后再与此前做的夹板一起，检查灯笼的整体比例。

4. 贴纸模型

根据图4-10所示，灯笼在对应的各个面上都有用来书写诗词的贴纸覆盖。贴纸上有诗词绘画，此处的贴纸是一种偏透明的材质。

图4-9 灯笼木架

图4-10 造型参考

利用之前制作的木架模型来制作贴纸模型，复制木架模型，删除厚度然后填充面，将其变为一个无孔洞的封闭结构。将贴纸的模型轴心设置在世界中心，然后沿着X轴旋转60°复制6份，使其覆盖在之前制作的木架上，删除历史记录，冻结变换，覆有贴纸的模型制作完毕。为了有效区分木架和贴纸，分别对它们赋予材质。

5. 承接板

根据参考图可知，灯笼顶部与底部的木架与夹板之间存在一个衔接结构，将其称之为承接板（图4-11）。

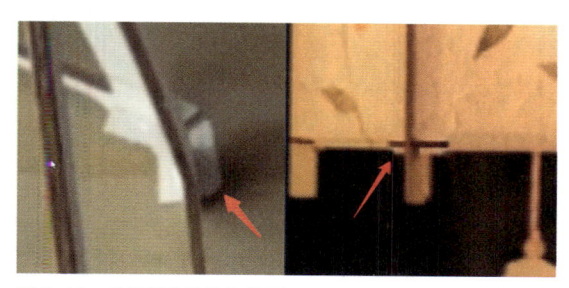

图4-11 承接板的结构与造型

新建一个轴向细分为6的柱体，把它缩放至合适大小，要能包裹住木架中模，如果上下长度存在偏差，可以切换到点线模式对其进行拖拽对齐，使其大小尽量一致。包裹之后使用多切割命令，让六边形柱体上下的间距与木架的边缘宽度一致（图4-12）。

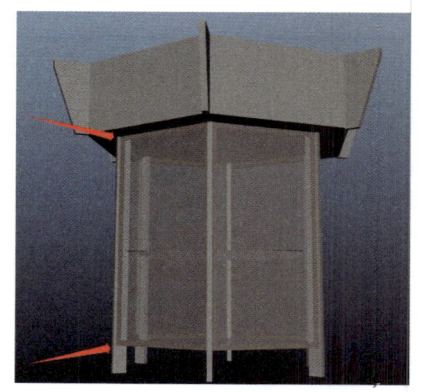

图4-12 新建柱体

利用多切割取其横向1/5的范围，选择插入线段内的面，执行挤压命令，根据参考挤压至合适厚度，此时挤压出的凸起结构就是承接板。选择承接板的面，执行反选删除承接板不需要使用的模型，然后再适当对结构进行缩放处理，使模型符合整体的造型比例。

为了让底部承接板的剪影圆润，需将锐利的边角进行倒角处理。边缘处理后，将中间的锐边进行两段式的倒角，让其形成一个平整的结构，再利用多切割，取其部分面积，之后进行删除，再填充面。利用布线将垂直的插槽进行处理，之后倒角边缘让其柔和化（图4-13）。

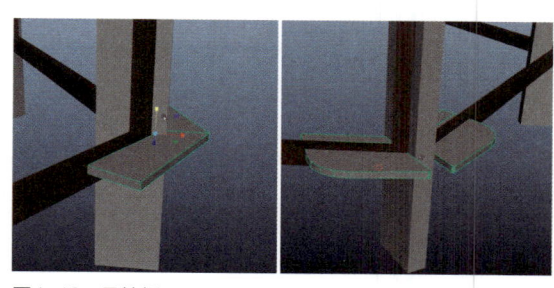

图4-13 承接板

模型处理结束后，应对模型的软硬边进行处理，这样模型在确立造型时才能呈现正确的效果。如果模型线段较多，可以采用自动设置软硬边，系统会更根据设置的角度阈值自动设置。如果部分软硬边存在问题，再用手动调整的方式即可（图4-14）。

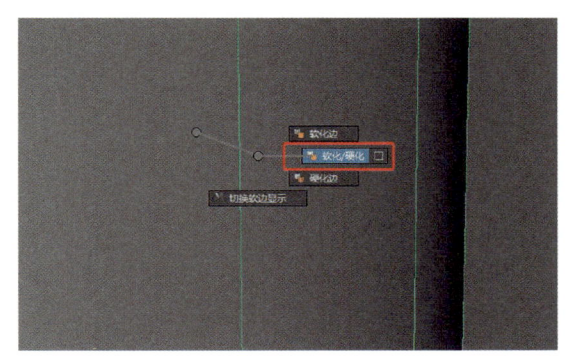

图4-14 软边设置

单个承接板处理完毕后，设置轴心为世界中心，然后绕X轴旋转60°，陈列复制6个即可。

6. 顶部扣带中模

整体处理完底部的木架、夹板及承接板后，接下来集中处理顶部的中模。该模型在结构功能上与底部的承接板一致，用来固定木架并维持整体的灯笼造型。为了方便区分，将顶部的该结构称为扣带（图4-15）。

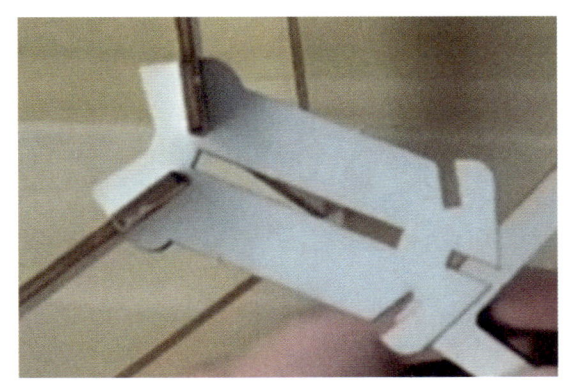

图4-15 顶部扣带参考

底部等承接板与顶部的扣带有一定的相似性，为了方便制作，可复制底部的承接板，放置到顶部与底部木架的衔接处并手动修改。

选中正面的面进行挤出，先将整体的结构制作成型，手动加线并取其中间的面再次进行挤压，形成最前端的凸起。后将两翼的造型再次挤压，形成所要的造型（图4-16）。

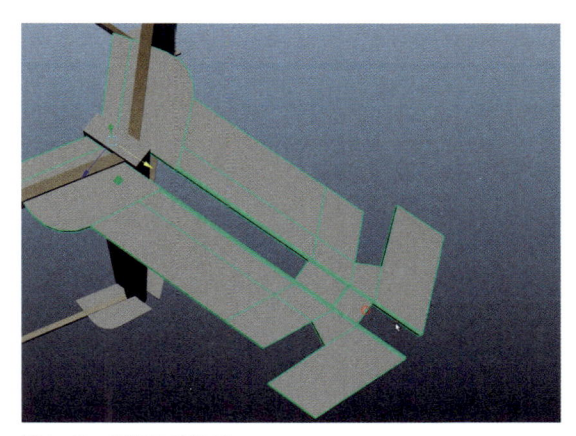

图4-16 顶部扣带模型

扣带整体造型处理完毕，需要在边缘处进行倒角处理，以达到与参考图相似的效果。此外，要对比参考图整体调整模型的比例，顶部模型取消隐藏，进行整体结构的大小比对。制作完单个的扣带后，设置轴线绕X轴进行阵列复制，变成一个完整的造型。

扣带处理完毕后，复制之前的木架，根据之前做的大体造型修改成顶部的木架。但是这只能成为一个基本造型，根据参考图，可以看到顶部的木架有一些额外的小细节。它们在中间部位形成了一个凹陷的区域。

对于该区域，在现有顶部木架上插入中线，然后倒角并增加线段，之后再选择左右两端的面进行挤压。由于该结构上下一致，可以删除下面的结构，然后进行Y轴的镜像复制。顶部的单个木架制作完毕，设置轴心，绕X轴进行阵列复制（图4-17）。

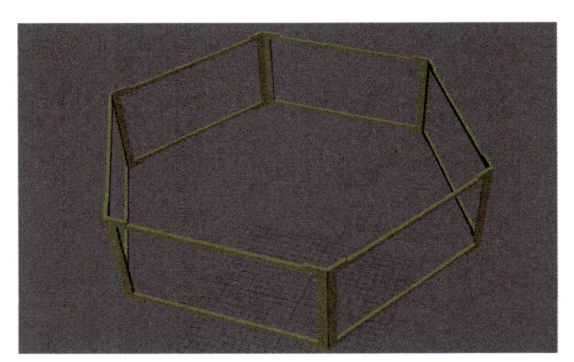

图4-17 上半部木架

7. 顶部复杂夹板

继续处理灯笼最为复杂的部分。该结构与底部的夹板拥有相似的功能,为了与底部的夹板区别,这里称之为复杂夹板。

将参考图与之前的简模进行匹配,切换到正视图并采用一种新的制作方式——创建多边形工具。

在3D视图空白区域,点击"Shift+鼠标右键",弹出编辑列表。选择"创建多边形工具",点击视图,点击参考图边缘,生成模型的边面(图4-18),按住shift键,拉出一条直线。

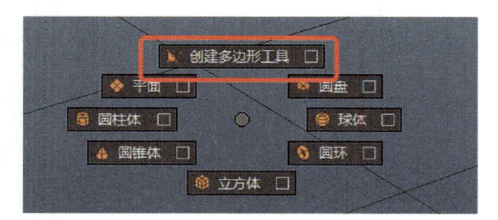

图4-18 创建新模型

该结构虽然复杂但是制作流程简单且重复,需要注意的是对段数的把控,对模型趋势的观察。

整体完成之后该模型会直接生成一个面片,但是内部的一些造型没有出来,这里使用"创建多边形工具"单独制作孔洞造型,处理成单独的模型,然后再基于之前的面片进行布尔运算(图4-19)。

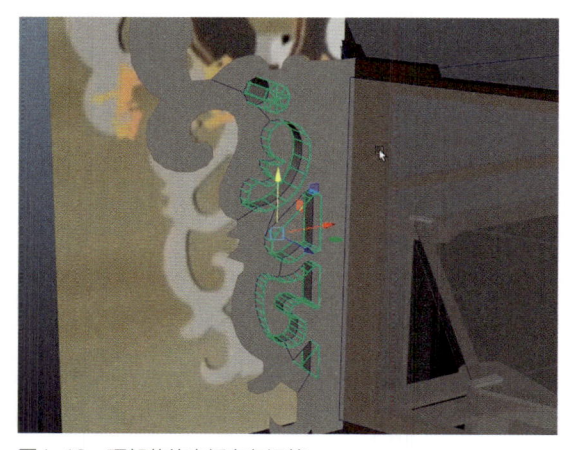

图4-19 顶部花纹夹板布尔运算

布尔运算完成后,对面片进行布线,方便之后的高模卡线及低模布线(图4-20)。

布线时可以先进行一些卡线测试,可在中模中就预览高模的效果。在复杂夹板制作完成后,进行阵列复制,并将之前所有制作的零件整合在一起,进行整体的观察(图4-21)。

图4-20 重新布线

图4-21 整体观察灯笼中模

(二)高模（ 资源链接 视频:高模）

将之前的中模进行复制,用来作为制作高模的素材,此外贴纸模型不需要制作高模,细节最后在Substance Painter中进行处理。

先处理顶部的木架,这里四个边角造型一致,保留一个角落,其他全部删除,对该区域木架的剪影进行一下柔和处理。

处理完边缘,开始围绕边缘倒角生成保护边,确认无误后进行镜像复制,然后合并相邻点,获得一个顶部木架的高模,随后进行旋转阵列复制。

木架处理完毕，紧接着处理复杂夹板的高模。该模型处理方式更为简单，按照边缘轮廓进行倒角卡线即可（图4-22）。

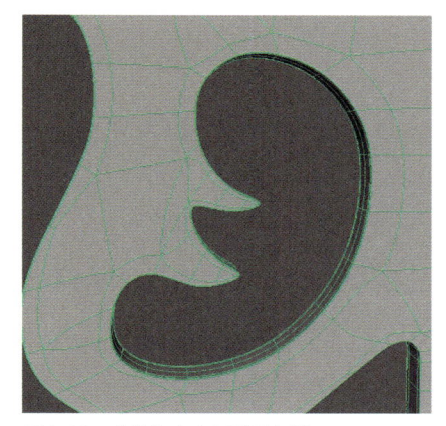

图4-22 花纹复杂夹板模型加线

此处先对夹板的孔洞进行倒角。每个孔洞都是单独的结构，它们之间的点与线并不直接连接，所以可以单个孔洞处理完然后再处理其他的。

另外，在倒角完毕之后，许多地方需要手动修复布线，以保证高模的光影正确，直接选中整体的边缘轮廓循环线进行倒角，然后在较远的间隔地段手动添加线段（图4-23）。

图4-23 花纹复杂夹板高模

单个结构处理完毕之后，将轴心设置在世界中心，然后绕X轴进行旋转复制，并与之前的中模数量相匹配。底部的木架、承接板和夹板基本都是按照该思路进行制作（图4-24）。

图4-24 整体框架高模完成

剩下结构相对复杂的部件只有顶部的扣带。此时对扣带的边缘加线处理完毕后，发现内部有很多线段没有闭合，没有形成有效的连接线段。此处可以选中该区域的面，"Shift+鼠标右键"，在弹出面板中选择将其转化为三角面，再转为四边面，这样可以快速填充为内部布线。使用该方法需要使用虚拟光滑检查高模的效果是否出现问题。

处理完该结构之后高模整体制作完毕，接下来进行查漏补缺，与之前的中模进行比对，查看是否有缺失。

（三）低模（ 资源链接　视频：低模）

复制先前的中模用来作为优化的素材。此处将上一小节的高模与本节的低模放在一起进行位置匹配，并对高低模给予不同的材质用以区分，低模给予红色，高模给予紫色。

1. 顶部夹板低模

此处先调节顶部的复杂夹板，与对应的高模一起参照。目前整个夹板的主要问题是修正布线并调整和高模的匹配度。

如图4-25所示，左侧的布线产生了大量的无用线段，模型资源严重浪费，利用多切割进行手动修改。

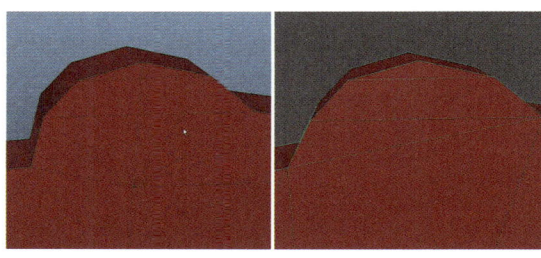

图4-25 顶部夹板低模重新布线

此外，在高模匹配弧度较大的区域，低模应适当增加段数来匹配造型。之后检查模型软硬边，软硬边对模型的光影有较大影响，在不影响光剪影结构的前提下，软边是最好的处理方式，但如果软边让光影错误或是该结构本来就是锐利结构，尝试设置硬边也可以（图4-26）。

图4-26 花纹复杂夹板低模

2. 底部承接板低模

底部承接板的中模已经接近低模的使用需求，其模型问题主要集中在布线，此处需要频繁地利用多切割将内部的布线进行处理（图4-27）。

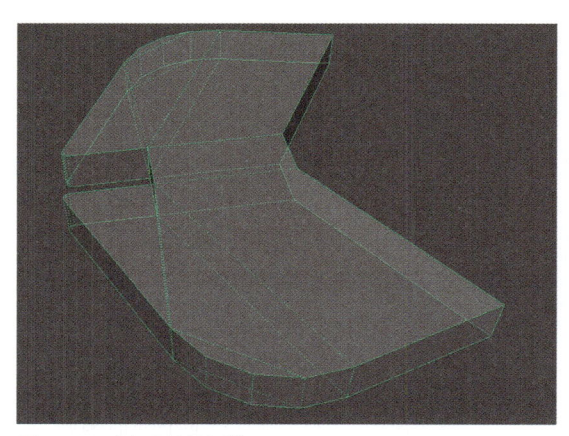

图4-27 底部承接板低模

处理完毕之后，可以采用Maya自带的清理命令进行模型检查，其检查的首要目标是要保证模型无多边面。

注意使用该命令时一般用来检索多边面，所以应当勾选使用"选择匹配多边形"而不是"清理匹配多边面"。"清理匹配多边面优势"有时自动处理的多边面会产生错误，或者它生成的面数不符合实际制作规范（图4-28）。

图4-28 使用清理命令检查模型

3. 顶部扣带低模

顶部扣带与承接板低模存在相同的问题，其本身的造型足以胜任低模，但需要对布线逐步优化（图4-29）。这种情况整体遵循在不破坏边缘造型的基础上对模型内部进行最低面数的布线修改即可。

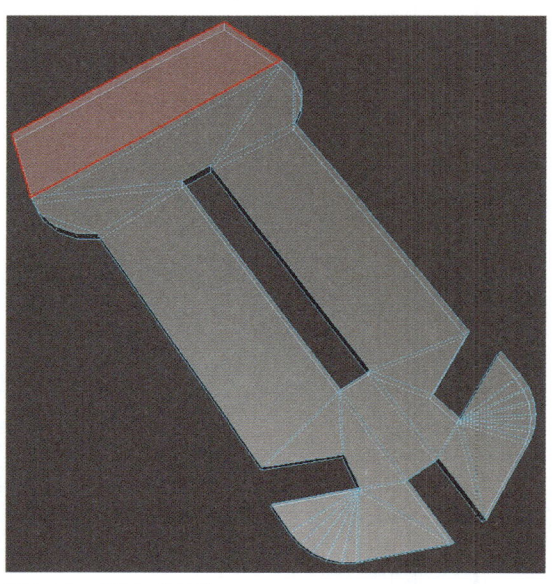

图4-29 顶部扣带低模

此外，剩下来的木架和横条等结构本身就是由基础几何体修改而成，并没有多加线段。它们本身的面数和布线足以胜任低模的需要，此处不再赘述。之后将处理好的模型与其高模先进行单独的匹配（图4-30）。

图4-30 木架低模

二、UV

（一）烘焙测试以及修复 （🔗资源链接 视频：低模测试烘焙）

先进行简单的烘焙测试，测试不用细致地拆解和排布UV，使用系统自带的自动映射即可。这里的主要目的是检测高低模之间可能存在的问题。

分别导出高低模到Marmoset Toobag中烘焙，得到的Normal，整体效果理想，但在局部存在瑕疵，如图4-31所示，顶部的夹板出现黑边，在横条低模上出现错误的凹印效果（图4-32）。

图4-31 出现黑边错误　　图4-32 出现错误凹印效果

针对这些问题，需要检查低模的软硬边、模型段数，以及与高模的匹配问题。

检查低模文件，发现低模自动生成的UV排布产生了重叠，故此导致了上述的凹印问题（图4-33）。这个问题可以暂且搁置，因为最后会重新排布UV。顶部夹板的黑边边缘段数过低（图4-34），导致高

低模不匹配，适当增加夹板区域的段数，然后进行点线调整，保证高低模的匹配度。

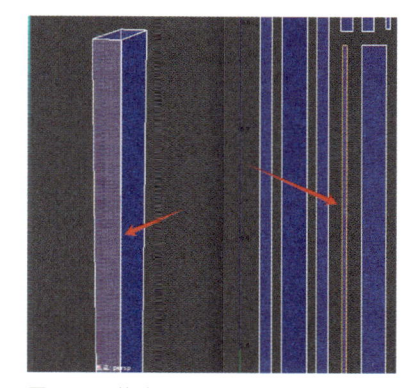

图4-33 修改UV

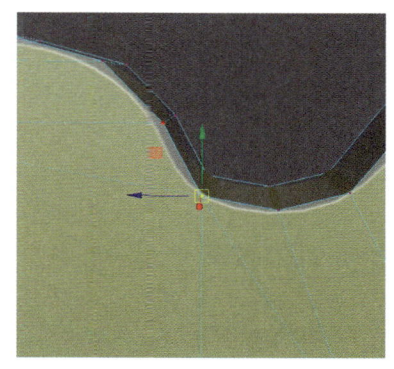

图4-34 修改低模匹配高模

（二）UV拆解 （🔗资源链接 视频：UV拆解）

1. 顶部复杂夹板UV拆解

将顶部夹板的左右两侧视为两个独立的UV（图4-35），而孔洞结构的内部循环边可以视作一长条状的UV进行缝合。

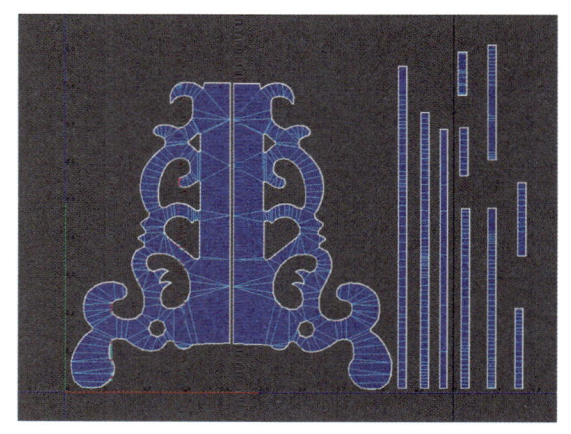

图4-35 顶部复杂夹板UV

第四章 场景道具——中国传统灯笼

拆解完毕之后，选中UV将其暂时移出第一象限，再开始处理其他模型UV。

2. 底部夹板UV拆解

顶部扣带自动映射的UV已经有了较高的完整度，这里上下两侧的UV按照自动映射的处理即可，其他需要处理的地方主要是扣带中间的各个狭小片段。由于该零件的UV过于零散，尽量将其UV暂时放置在一个区域，以免不易观察的UV出现漏选（图4-36）。

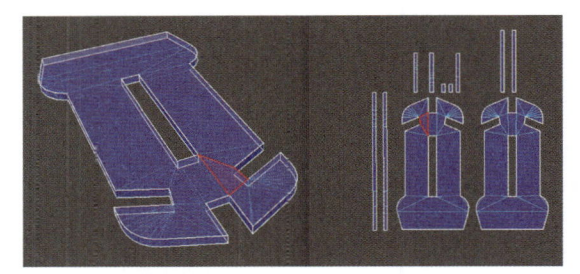

图4-36 底部夹板UV

3. 零碎结构UV拆解以及UV注意事项

与低模一样，灯笼横条木架等结构因为造型简单，其硬边又都分布于结构线上，这里采用自动映射的UV便可。为了规范及后续纹理绘制方便，可利用软件的UV编辑器功能将UV打直。

具体操作为：选择需要编辑的UV点，"Shift+鼠标右键"，点击拉直，选择弹出窗口中的拉直（图4-37）。

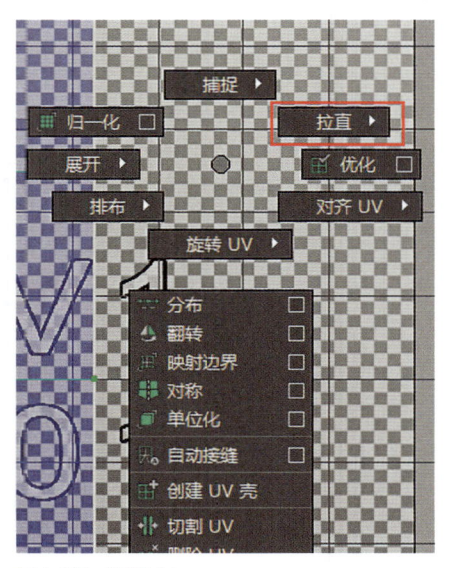

图4-37 拉直UV

现有模型的处理方式基本按照如上所示，文本中主要进行典型案例的处理，并进行知识的补充。

在之前案例中讲解过UV的注意事项，其中包括UV朝向和UV精度。

在UV编辑器中点开按钮如图4-38所示，UV编辑器中会出现U1V1 1001的字母。在3D视图中，模型也会相应显示该字母，旋转UV会发现对应模型面上的字母会随之旋转。保证UV朝向一致就是确保在3D视图中，模型面上呈现的字母朝向一致。

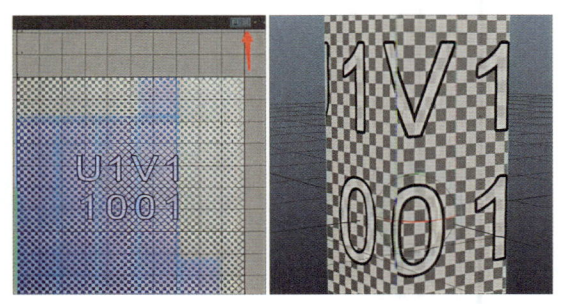

图4-38 打开棋盘格检查UV

解决了UV朝向一致的问题，接下来处理UV精度统一。选某一个UV作为精度参照，在右侧的UV精度包中找到"变换"中的"工具"，其中有一栏Texel密度，点击获取，即可获取选择的UV精度（图4-39）。选择其他需要达到同样精度的UV，点击"集"，让其UV精度一致。

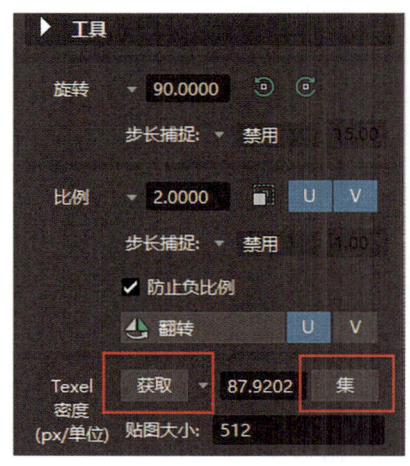

图4-39 统一UV精度

（三）UV排列（资源链接 视频：UV排布）

为了方便查看UV排布时的UV精度和朝向，导入贴图用来检测UV，选中所有模型，会显示所有的UV（图4-40）。观察3D视图，如果显示的网格纹理过于扭曲意味着UV存在严重的拉伸，贴图的数字朝向不对意味着UV的方向并不一致。

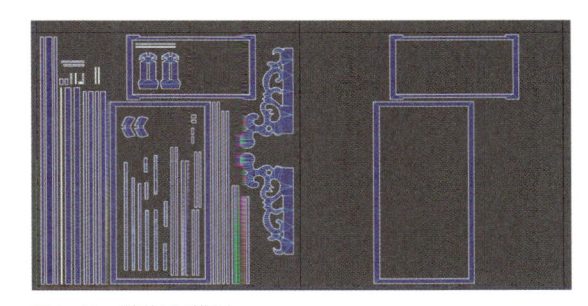

图4-41 整体UV排列

图4-40 检查UV有无严重拉伸

UV排布时，首先将大块的UV在第一象限中进行填充，其次再用小体积的UV进行填充。如果整体的UV体积较小，可以将所有的UV选中并进行整体缩放，这样可以在保证整体放大缩小的同时保持UV精度统一。

另外，预期打算使用相同材质的结构尽量让UV朝向一致，实际制作中最佳效果是UV朝向一致。

在整体摆放的时候，要注意整体UV的间隙不能过大，但是因为该模型整体的UV过于零碎，UV间隙可以放宽要求。UV间隔的合理保持是模型的制作规范中重要的一环。

为了不让整体的UV过于松散，UV排布时有意将一些结构的UV进行重叠，这样可以起到节省UV空间的目的。

如图4-41所示，该结构其UV体积本身所占空间并不多，但UV中空的特点会过多地浪费UV空间。此处，木架内外两侧的模型结构在玩家视角中仅能看到其中一侧，该处可以将看不到模型UV与可被观测的UV部分进行重叠。这样，在之后的贴图中，它们会出现相同纹理。

如果有其他无法被观测到的模型区域，或者在游戏中，玩家不易观察到的区域，也可以直接将其UV进行缩小，放置在一些细碎的UV间隙中。

解决办法可视具体情况而定。但需要注意的是，在烘焙Normal的过程中需要将重叠的UV移出第一象限，防止其对UV的影响。按照以上操作将调整完毕后的UV进行排布。

当前的UV如果整体零碎，无法有效地在整个第一象限排布完成，可以在确定贴图大小的时候，让UV仅排布在第一象限一半的区域。例如，原贴图规划为1024×1024，当前的模型UV可以让其填充完规划贴图的一半，即1024×512，这样可以空余出一半的UV空间（图4-42），在项目中如果有其他类似的道具，最终可以将它们的贴图合并在一起，让两个模型使用一张贴图，既精简了UV布局又减少了贴图数量。

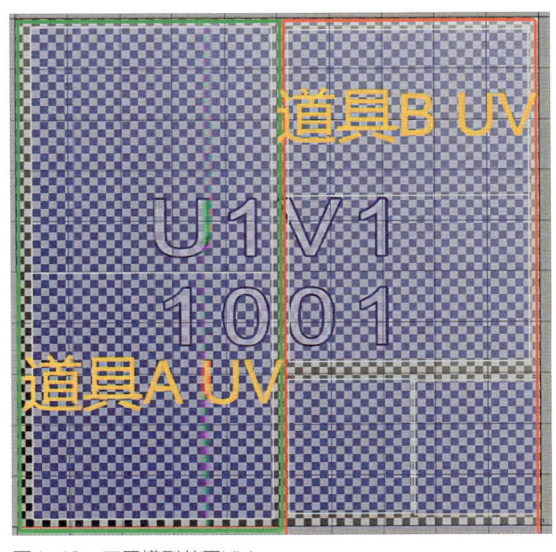

图4-42 不同模型共用UV

三、烘焙贴图

（一）Normal烘焙（🔗资源链接 视频：烘焙法线）

经过之前的模型处理，将拆解完UV的低模进行导出并命名，然后完成其对应的高模。

将对应高低模导入Marmoset Toobag中进行烘焙。快速烘焙完毕之后，整体的效果较为理想，但是局部存在问题。观察模型会发现烘焙时，该处的两个模型相互穿插在一起，回到低模的Maya文件中，将与夹板相交的横条高低模选中旋转90°，避免两个模型的接触（图4-43）。

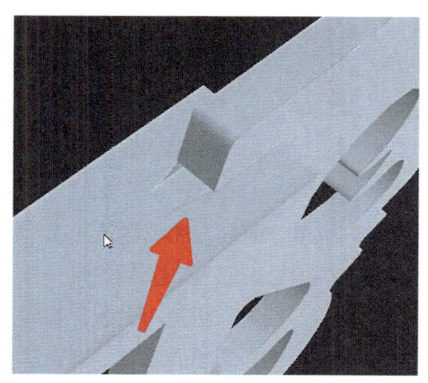

图4-43 由于模型重叠产生烘焙贴图问题

执行完上述操作，重新导出高低模再在Marmoset Toobag中进行烘焙，然后检查效果，确认没有问题之后处理贴纸模型的UV（图4-44）。

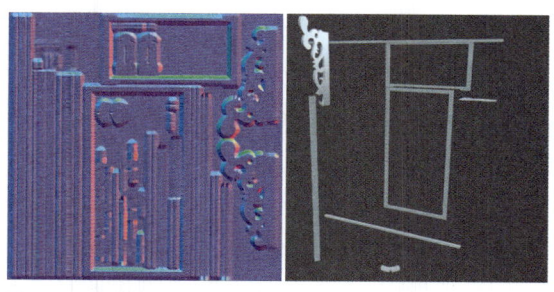

图4-44 灯笼Normal贴图（左），并将Normal图贴上低模效果（右）

（二）贴纸UV处理（🔗资源链接 视频：宣纸UV处理）

贴纸的模型在规划中单独给予一个材质，它并无高模，仅有低模，细节表现完全靠在Substance Painter中进行处理，但是在此之前需要对其模型进行UV处理。

根据参考图进行分析，该灯笼有一大特点，首先其表面覆盖的贴纸无论是顶部还是底部，造型完全一致，但纹理却有差异性，此处要保证正面灯笼的美观性也要兼顾整体的资源消耗；其次顶部贴纸正面可看到的三个角度覆以三个不同纹理，其余的贴纸与正面的UV共用，底部贴纸UV处理如法炮制。

在正视图中对模型进行简单的规划（图4-45），将1、2、3与其相对的面4、5、6进行重叠共用。在排布的时候需要注意UV的朝向尽量保持一致。在Substance Painter中会对其进行诗词或古画细节上的纹理映射，排布UV时先将重叠部分一起选中，然后在第一象限进行安置，重叠部分的UV颜色会比平时更加得深（图4-46）。

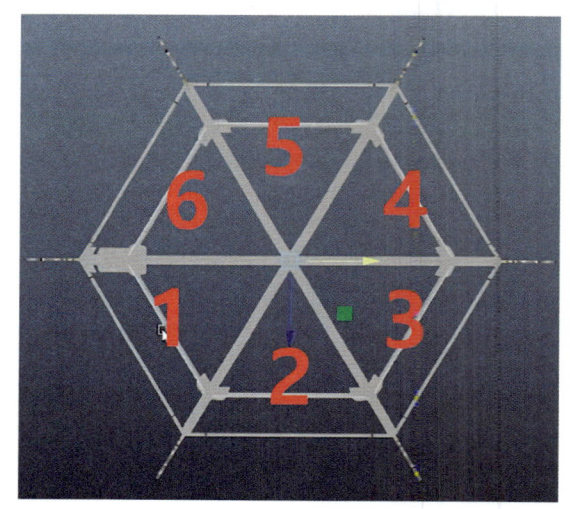

图4-45 规划UV共用部分

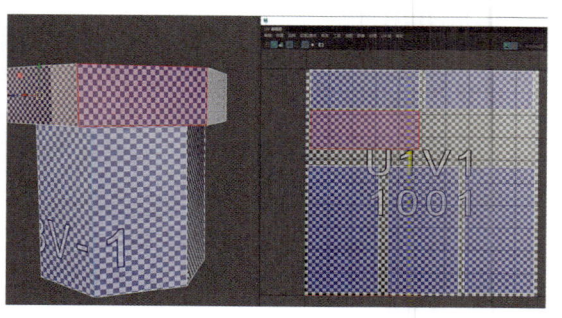

图4-46 检查UV

后期需要进行诗词的映射，贴纸的UV需要尽量给予较大的UV空间，在保证重叠和UV精度的同时进行折中处理。

贴纸其实会对灯笼的木架产生遮蔽效果，此类贴纸在古代一般采用浆糊等手段进行黏合，遮蔽效果并不明显，但是黏合会产生一定的褶皱，可在材质阶段进行绘制模拟。

将之前零散的组件高低模进行阵列复制，使其变成模型的完整形态。然后将所有灯笼除贴纸外的低模进行合并，高模也整体进行合并，此时获得三个网格，分别是贴纸、灯笼低模、灯笼高模。

将灯笼的低模和贴纸一起选中作为网格导出文件，以及作为Substance Painter中绘制材质的低模，随之导出高模。

四、材质制作

（一）Substance Painter烘焙贴图

（资源链接　视频：SP烘焙贴图）

在之前的案例中，详细介绍过如何在Substance Painter中进行模型导入，此处讲解Substance Painter中其他贴图的烘焙。

先导入之前烘焙的Normal，然后选择其他需要的贴图进行烘焙（图4-47），输出大小建议为4096，防止后期纹理绘制时像素不够。

图4-47　SP烘焙贴图选项

此时烘焙出来的每一张贴图都至关重要，后期几乎所有自动效果都是基于这些贴图进行生成。贴图烘焙完毕之后，它会自动在模型上进行载入，直接在3D视图进行浏览查看即可（图4-48）。

图4-48　自动载入已烘焙贴图

（二）木架材质（资源链接　视频：木架材质）

木架表面的贴纸本身是一种轻薄透彻的材质，在Marmoset Toolbag里这种半透明效果不甚理想，因此后续章节会借助其他的手段进行制作。此处先将贴纸部分暂时隐藏并进行灯笼木架材质的制作。

骨架整体材质一致，其外侧为米白色，它的横截面会露出浅褐色的木质纹理，此处新建一个文件夹，取名为"木条截面"。

材质制作的第一步为先做基础色，将不同材质的颜色区分开，然后再处理纹理，随后再是材质的变化。变化可以更多地集中在材质的粗糙度上。以金属为例，即使同样是金属，如黄金与白银，它们在色泽坚硬程度上也有所区别。因为没有制作ID贴图，此处根据模型手动进行分区。

先为文件夹添加黑色遮罩，再添加"颜色选择遮罩"（图4-49），然后在Substance Painter左侧面板中点击"几何体填充"，分别提供几种选择模式：三角形填充、几何体填充、模型填充及UV填充。这几种都是对模型的选择方式，对应方式选择的模型将被直接当作ID蒙版，在下方的Color为白色时意味着模型加选，黑色时意味着减选。

图4-49　添加"颜色选择遮罩"

第四章　场景道具——中国传统灯笼　073

制作木条横截面材质，需要先通过几何体填充对木条横截面进行选择。模型本身方正的结构在UV视图中的选取也更为方便。在文件夹中新建一个图层，将其颜色设置为褐色，这更符合木条横截面的色彩趋势。

将添加的图层设置为底色，然后新建一个空白图层，命名为"纹理凹凸"，为其添加黑色蒙版。在蒙版内填充一张纹理（图4-50），将该纹理UV进行不同的缩放以达到模拟横截面的沟壑效果。此处选择的纹理为Fur 1，但即使填充完毕横截面的凹凸也无法直接显现，这需要对几何图层本身Height的参数进行调节。

将模型确认选择完毕后，将底色改为米白色作为固有色，之后在颜色上进行变化，细致观察会发现灯笼的造型特点。该物件在生活中积攒灰层的地方大多是块面交接之处，这与产生遮蔽的区域大致相同，此时可以将AO用于控制灰尘的遮罩。

新建一个空白图层，为其添加黑色遮罩，再为黑色遮罩添加生成器。这里选择"Ambient Occlusion"（图4-52），该生成器会根据之前烘焙的AO贴图来生成一些灰尘。

图4-50 木制纹理

图4-52 生成器选择Ambient Occlusion

截面完成之后，开始处理白漆的表面，在图层面板新建文件夹，添加黑色蒙版，再为其添加"颜色选择遮罩"，利用几何体填充来选择模型为材质作为ID遮罩（图4-51）。在制作时，可以将填充用的底色图层设置为鲜艳的颜色以方便识别观察，这些完成之后，将文件夹命名为"木条表面"。

设置灰尘的颜色，将其颜色设置成比固有色更为暗沉，从固有色观察可以看到一定的渐变效果。之后，选择灰尘图层的属性，调整它的粗糙度，使其与底色图层有所区别，转动灯光能够看到模型一定光影的变化。

此外，再新建一个图层，添加黑色遮罩，为黑色遮罩中填充一张脏污纹理，然后进行适当的比例缩放。如果想要进行更丰富的变化，可以在Height中做其他的变化处理，为其表面增添凹凸的细节（图4-53）。

图4-51 ID贴图

图4-53 木板材质

通过上述方式，木条截面、表面的颜色变化和粗糙变化得到体现。另外，也可以通过多张纹理进行正向叠底。这样得出的新结果，可以避免纹理的重复性。

此处的制作思路就是在颜色和粗糙上做变化，因为该灯笼所有木制是没有金属结构的，金属度可以直接选择在属性栏关闭。在制作时，可以根据自己制作的模型对颜色和粗糙度进行调整，以此获得更多的变化。

（三）贴纸材质（资源链接　视频：贴纸材质）

首先要正确选择贴纸的材质球，并打开参考图进行辅助指导。观察参考贴纸的材质效果，该类贴纸常表现为整体比较粗糙且有一定硬度，凹凸起伏也较多。

新建文件夹，命名为"贴纸"，然后新建空白图层，命名为"底色"。将其颜色设置为米黄色，使其尽量接近参考图的固有色效果。

另外，贴纸效果因为后续需要看到灯光是烛光穿透的半透明效果，因此这里需要为贴纸模型添加新的着色器和通道。

添加方法为点击"着色器设置"，将着色器修改为"pbr—metal-rough—with—alpha—blending"（图4-54），然后在纹理集设置添加"opacity"通道。

图4-54　添加半透明着色器

添加完毕之后，在图层属性一栏可以看到"op"的属性，点击开启拉动滑杆，给底色图层制造一些透明效果。底色图层拉动粗糙度的滑杆向右偏移可以使该物体变得更为粗糙。

新建一个空白图层，这里用该图层模拟贴纸的起伏效果。此处先为其添加黑色遮罩，然后填充纹理，载入纹理（图4-55），结合图层的Height来制作纸表面的磨砂感。

这里采用Directional Noise 4，适当调整它的比例设置，让其有不同的重复效果。另外，为了打破它的重复感，复制当前凹凸图层，然后修改新复制图层的比例数值，使其与之前的数值有所差别，然后将其图层模式改为相加或者相减，会有对应的变化。

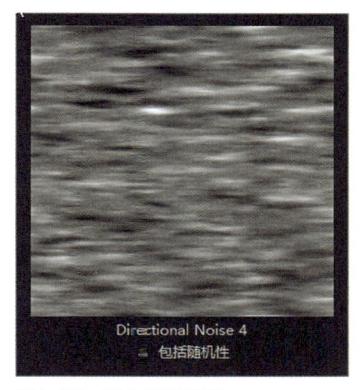

图4-55　选择纸质纹理

注意模型贴合细节，古代灯笼的贴纸是通过浆糊等黏着剂与灯笼的骨架贴合在一起的，在贴纸与灯笼接触区域会有颜色和起伏上的区别，而这种变化需要手动绘制增加。

新建一个图层，用来控制填充黑色蒙版，添加绘画功能，然后将其亮度值拉高让绘制的痕迹更加明显，方便识别（图4-56）。

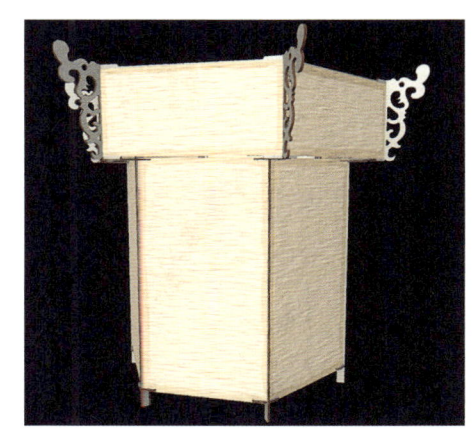

图4-56　纸质效果

第四章　场景道具——中国传统灯笼 | 075

在图层颜色上可以与之前的图层颜色进行变化处理，增加其颜色明度，拉开颜色层次。因为受到黏合剂的影响，骨架与贴纸贴合的部分会偏暗一些，但贴纸表面的粗糙度并不会变化。

纹理叠加之后贴纸的基本效果完成，如果想要在透明度上产生变化，可以在底色图层OP中填充一张纹理，用来呈现透明度的变化。

（四）诗词映射（📎资源链接　视频：诗词映射）

下面将会处理贴纸表面的纹理效果，通过映射的方式将诗词投射到贴纸表面。将用来映射的纹理导入Substance Painter中，这些纹理需要非黑即白的灰度图，一些现实生活中的诗词文稿可以通过使用Photoshop处理后提取。

新建一个空白图层，取名为"诗词"，添加黑色蒙版，然后点击数字按键3进行"映射"，在右下角的属性映射中，在灰度一栏中添加之前导入的自制的灰度图（图4-57）。

图4-57　映射黑白纹理

在3D视口及UV窗口都可以看到这张灰度图出现在画面当中，用鼠标在3D窗口或UV窗口进行绘制，即可将灰度图上的纹理映射到模型上。

此处出现问题，物体和图片相差太大，难以将灰度图上的纹理进行合理地绘制。该问题在Substance Painter提供快速的解决办法，可以在Substance Painter中放大缩小及旋转图片。按住"S"和鼠标左键滑动可以旋转图片，按住"S"和鼠标右键滑动可以缩放图片，用以匹配灰度图与模型。

在映射时需要留心观察，两边相近的贴纸不能使用相同的灰度图来绘制，不然会出现过于重复的问题。顶部与底部的贴纸有大小差异，在映射时需要反复调整灰度图的映射大小。

通过反复地操作之后，将所有的诗词映射完成，之后再设置诗词图层的粗糙度，因为诗词是油墨写成的，虽然经过时间的磨砺，但贴纸与油墨的材质还是略有不同。

接下来，为贴纸材质做旧，添加一些脏污效果赋予使用的痕迹。

新建一个图层，添加黑色蒙版，基于此上添加生成器，选用生成器Dripping Rust，调整其参数（图4-58），让其生成的效果合理散布。

图4-58　选用Dripping Rust生成器

在图层中将这些灰尘污渍设置为暗灰色，再调整其粗糙度。为了让其与贴纸底层有所区别，需给予一定粗糙度。

处理完做旧痕迹，观察诗词映射的效果，可以发现底部的诗词处于贴纸的中心位置，并没有顶部诗词那种偏向左右的问题（图4-59）。（图4-59为错误效果，图4-60为正确效果）

这里无需重新映射，点击诗词图层的遮罩，右击将遮罩导出为文件（图4-61），需要注意的是，此处遮罩导出的分辨率由纹理集设置的预览大小决定，这里建议设置为4096，以保证遮罩导出的清晰度（图4-62）。

导出完毕后，再到Maya中导出贴纸模型的UV布局，UV布局大小与之前遮罩一致。根据UV布局，在Photoshop中将遮罩中的文字进行适当位移，然后重新导入Substance Painter中作为一个

图4-59　映射效果错误

图4-60　映射效果正确

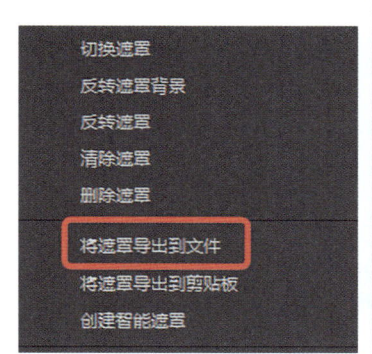

图4-61　导出图层遮罩

图4-62　修改图片大小

图4-63　修改后的正确映射效果

新的纹理。

点击诗词图层，清除之前的遮罩，然后重现填充黑色图层，添加填充，贴纸上的诗词即可更新（图4-63）。

（五）贴图导出 资源链接　视频：贴图导出

点击文件，选择贴图导出，这里采用系统默认的基础模板。因为该处贴纸和灯笼骨架为分开的两个材质，所以需要设置两套材质球。

木架材质和贴纸材质都没有金属结构，所以统一将金属贴图减选，将Normal减选，该贴图导出的并不是需要的法线，真正的法线是下面的Normal_OpenGl。

贴纸材质相较于骨架材质需要多勾选一张透明贴图。后进行统一的输出设置，其他的采用默认即可，输出贴图大小采用4096。

输出完毕后，将低模导入Marmoset Toobag，将贴图按照之前章节的放置方式放置在材质对应位置（详细参考枪械道具章节），获得一个简单的渲染效果（图4-64）。

图4-64 模型与材质在八猴中显示

五、引擎渲染

（一）材质添加（资源链接 视频：八猴灯光）

打开软件将灯笼的低模导入，勾选Render面板中Use Ray Tracing选项（图4-65），开启光线追踪。启用之后整体会有更好的GI效果，但是对电脑性能要求较高，如果硬件不甚理想，可以先选择关闭。

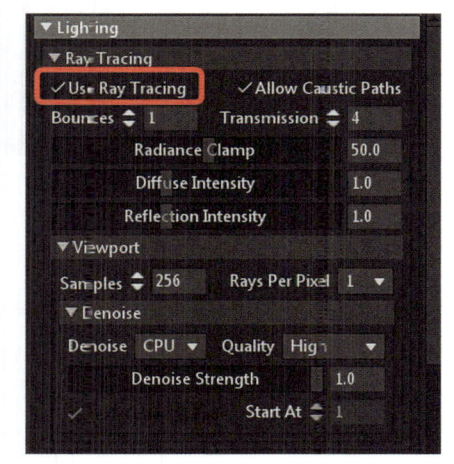

图4-65 开启光线追踪

这里先进行天光的设置，点击Sky，导入准备好的HDR贴图，为整个场景奠定基础的氛围基调，这时整体色调倾向夜晚的暖色调。

为了获得干净的背景并保留物体受到的天光效果，将Backdrop Brightness的数值归零（图4-66）。

然后先建一个点光源，将它放置在灯笼的内部模拟发光源。

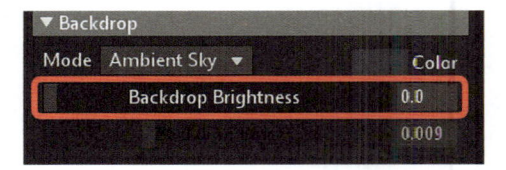

图4-66 修改背景亮度

对灯光进行效果调试，先给予灯光一个明黄色并提高亮度让模型和场景亮起来（图4-67）。如果当前的效果并不理想，就需要开启一些相机的效果来进行辅助。

图4-67 打开一个灯光

（二）灯光设置

首先设置辉光效果，点击main camera中的bloom，对Brightness进行设置（图4-68），该参数能调整辉光的强度，下面的Size能柔和辉光范围，使其与环境有更好的过渡。

图4-68 设置辉光效果

另外，右键点击空白处，选择Add Fog添加雾气（图4-69），可以为整个环境增加更好的漫反射效果，也可以更好地模拟夜晚的朦胧效果。如果出现整体过曝的效果，需要对之前点光源的强度进行适当降低。

图4-69　添加雾气

Fog的参数需要简单了解（图4-70），Distance是镜头与雾气的距离，根据数值设定当前镜头雾气的密度，Max Opacity影响着雾气的透明度，能让化雾气与环境达到更好的融合效果。

图4-70　雾气参数调整

夜晚效果也和周遭的环境灯光有关，场景光源的泛光效果对灯光的影响更为明显，整体的灯光布置完毕后，可以尝试修改Sky light中的Brightness数值，调整整个环境的曝光效果（图4-71）。

图4-71　修改环境的曝光参数

后续的调整基本围绕着点光源强度、环境光强度、雾气透明度来控制，这样反复调试以获得理想效果（图4-72）。

图4-72　雾气打灯效果

该灯笼的渲染效果与贴纸模型的透明效果息息相关。在Marmoset Toolbag中，透明效果分为两种：Cutout和Dither。Cutout是裁切，也是一种遮罩；Dither是半透明，遮罩意味着只有透明和不透明的区别，类似玻璃的半透明材质。这类材质在参数选择上可以设定为从零到一。通过半透明参数来模拟生活中诸多半透明的物体。

图4-73、图4-74是Alpha为0.25左右时，材质效果的对比，图4-73为Cutout模式，图4-74为Dither模式。此处贴纸的材质应选用Dither模式下的半透明效果（图4-75）。

图4-73　Cutout模式下的半透明效果　　图4-74　Dither模式下的半透明效果

在Dither模式下，载入的透明贴图将会影响贴纸材质的透光性，但这里载入的贴图选择并不是唯一。除了自行制作导出的贴图之外，还可以将其他的灰度图载入，进行透明度控制。

（三）渲染导出

当以上都制作完毕，勾选Render面板中Use

Ray Tracng的选项，开启光线追踪，设置采样分辨率，然后输出分辨率，读出路径，进行设置，按F10进行渲染。

图4-75　灯笼渲染效果图

图4-76　灯笼大型参考

第三节　课程任务实施

任务布置

场景道具制作训练

任务组织

（1）课堂实训：独立完成"中国灯笼"全流程制作。

（2）课后训练：学习课程大作业，完成手提灯笼的三维模型和材质的制作。

任务分析

1. 课堂训练任务分析

"中国传统灯笼"的模型和材质制作，要求以图4-76的造型作为灯笼造型参考，以图4-77的书法样式作为灯笼外面的透光纸的材质。（纸质书法内容可自拟）

2. 课后作业任务分析

（1）结合课程大作业，理解并掌握提灯的结构，以及半透明材质和自发光效果制作的知识和技能。

（2）理解场景道具在特定环境下营造的氛围作用。

（3）结合真实环境及其他的自发光物体（现代汽车雾灯、探照灯等）表达效果进行拓展性的思考。

图4-77　书法样式参考

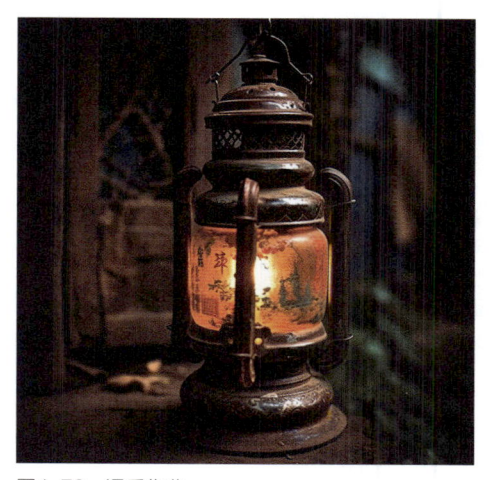

图4-78　课后作业

任务准备

结合课程大作业，掌握灯笼的整体结构及材质表达，完成三维设计制作。

任务要求

（1）课堂训练分段进行，即分为模型制作阶段、拆分UV阶段、材质制作阶段、整体渲染阶段。

（2）课后完成提灯的三维模型及材质效果图。

本章总结

本章学习的重点是自发光的道具如何能够在较暗的环境中体现烛光或者灯光的特点，特别是在不同半透明材质（纸质、玻璃、布料等）的影响下，如何将其表现得更加真实。

课后作业

完成课程大作业的灯笼及提灯的次世代三维模型及效果图。

思考拓展

在虚幻5引擎支持下，次世代游戏制作的进度越来越快，表现的效果也越来越真实。在这个基础上，很多人认为场景道具不需要花费大量的时间去制作，可以直接选择三维扫描的方式完成模型。请基于现代技术的革新，谈谈你的看法。

课程资源链接

课件

第五章 武器道具——步枪

第一节 了解并分析步枪

枪械类等武器一直都是FPS类型游戏中常见且重要的道具，根据玩家在游戏中的需要，该类型道具经常会以第一视角出现。这类道具对于模型和材质的要求较高，通常在游戏美术设计行业中作为设计师个人能力的考核标准。根据参考及要求，对复杂造型的道具进行分析得出最佳制作方法是本节任务的核心内容，同时在拆分UV的环节中使用新软件，让设计师面对不同的道具的UV拆分环节有多种选择。

知识目标

（1）了解同心圆搭建方式对制作武器比例的作用。

（2）学会拆分复杂道具的各个零部件。

（3）了解复杂道具多个UV使用的概念。

能力目标

（1）具备复杂武器道具的制作思路。

（2）具备使用RizomUV软件的能力。

（3）具备以材质为基础拆分复杂道具UV的能力。

一、资料搜集（资源链接 视频：素材搜集）

通过各种途径进行资料的搜集，获取视频、图片等参考素材。如图5-1所示的枪械，在制作的时候会将右下角的部分剔除，使其不在此次的制作范围之列。

图5-1 步枪图片参考

需要注意的是，并非所有枪械配件都要全部做出来，而是取其主体部分进行制作即可。可以找一些视频进行参考，在视频中可以看到很多枪械的细节，包括磨损脏渍锈迹（图5-2）。视频是动态展示的，枪械的上下左右各个方向的造型都能观察到。

图5-2 步枪视频动态参考

二、任务分析

将该枪械拆成若干部分进行制作，诸如枪管、枪身、导轨、瞄准镜、握把等部件。这里可以看到整个枪械的造型比例，并规划后面的制作思路。

通过如图5-3所示，能看到整个枪械从左到右是由同心圆构成，枪身由一些大小不一的立方体构成，再辅以细节搭建。整个枪械制作过程会采用大量的布尔运算和多切割命令进行造型的处理和布线的优化。

图5-3　以枪管为圆心的一系列同心圆结构

此外，在制作过程中也会讲解枪械设计的基本思路，一般来说都是围绕实际的物理法则进行设置的，但在游戏世界中要进行主观的美术改造，让其更符合游戏的美术需求。

第二节　步枪全流程制作

一、模型制作

（一）中模　资源链接　视频：大型搭建

1. 前期准备

这里设置了专门的路径文件夹，用以储存项目文件，方便快速调取资料及回溯文件记录。

导入参考图，缩放到合适大小，此后步枪的尺寸就按照参考图大小来制作。

此处有个小技巧，将参考图中枪管的位置放置在水平线上，方便后期枪管的同心圆制作（图5-4）。

2. 步枪大型制作

很多人可能会直接从一个零件开始细致地做完整个步枪模型，但是这个过程中如果一个零件的造型比例不正确，那么很多模型将受牵连。为了避免这个问题的出现，需要提前制作一个非常简单的模

图5-4　将同心圆的圆心放置在水平线上

型，它的比例一定要非常准确，因为后期的细化过程将完全参照此模型的大小和比例来制作。

（1）**枪管**。该枪械从枪管到枪托的基本造型是圆柱造型的变体，从前端到尾端是同心圆。枪管部分直接采用圆柱搭建，使用的段数不宜过高，合适即可（图5-5）。

图5-5　枪管基础模型

（2）**导轨大型**。导轨部分在制作整个枪械时当作比例尺的作用，在这里它的造型接口更加接近圆柱。四面凸起的结构是从圆柱体上挤出的，所以依旧采用圆柱造型来进行补充，后面细化环节会对导轨的深入制作进行单独讲解（图5-6）。

图5-6　导轨基础圆柱体尺寸确定

制作枪身主体物时先进行简易搭建，制作过程中一些结构（如枪柄），可以进行点的拖拽来完成基本形体。

（3）**枪托大型**。枪托的大型制作主要考虑选择什么样的模型作为基础。枪托本质上是圆柱，在下半部分进行挤压形成一个垂直面。此后根据参考图来进行调整，如图5-7所示中是点线调整后的造型，具体造型思路可参考布线。

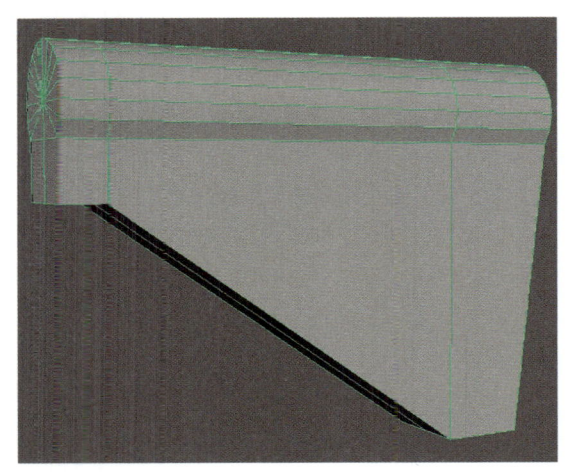

图5-7 枪托大型

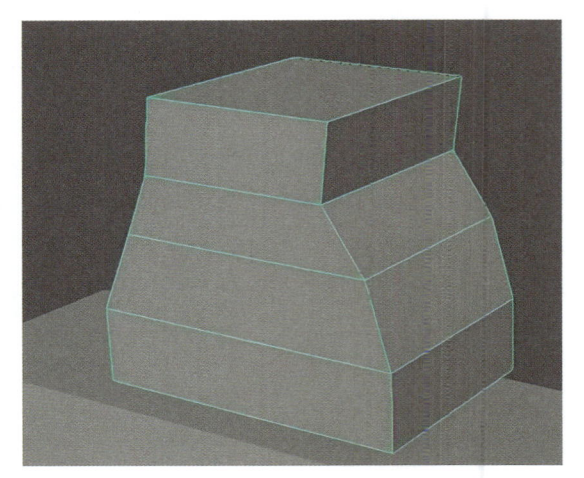

图5-9 瞄准镜大型

（4）前握把的制作。前握把在造型结构上看起来是变形后的圆柱体，所以在此仍然使用基础圆柱进行造型编辑。可以看到参考图中其握把顶端部分与目前制作的造型有所差异，可以手动进行点线的压平处理。前握把的制作采取左右共用的方式，即做其中的一侧然后复制到另一侧（图5-8）。

（6）弹夹大型。在后期并不打算采用主要参考图中的半透明弹夹，需要使用另外参考的一个纯金属弹夹作为此后步枪的最终设计。

将新的弹夹参考图导入项目中。需要注意的是该参考图并非纯粹的正视图，而是存在着一定的透视，制作的时候需要进行一定的调整。

使用基础立方体调整大型，增加一定的段数让模型的圆弧角度更加贴近参考图（图5-10）。

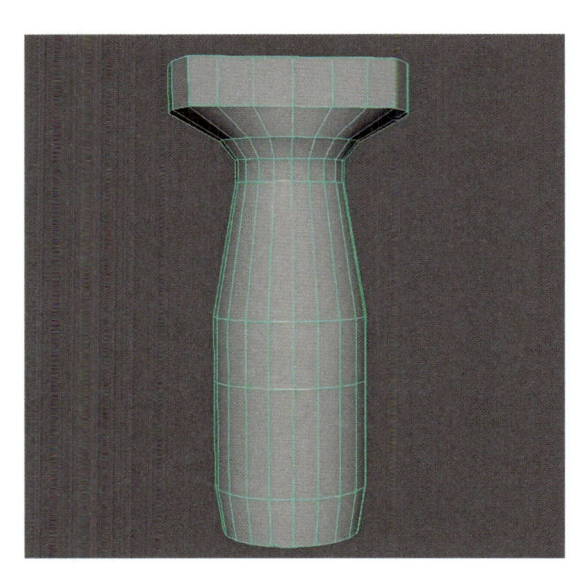

图5-8 前握把大型

图5-10 弹夹大型

注意，此时制作完需要在顶视图进行查看，观察造型是否合适。同时，前握把下面的竖纹螺栓暂不制作。

（5）瞄准镜大型。利用基础立方体进行挤压操作，导出一个简易形体。再切换至透视图进行挤压操作以比来保证侧面的比例正确（图5-9）。

制作完毕后，其与之前制作的枪身主体放在一起，但由于单独制作弹夹可能会导致比例出现问题，所以要再以主体为参考，对弹夹进行比例的调整。

在调整弹夹之后，该枪支的造型已经大概完成了，接下来将进行各个组件的制作及细化。

3. 对战术导轨进行合理分析并制作

（1）造型概念讲解 🔗资源链接 视频：导轨制作

为了确保本案例枪械造型和比例的正确，以导轨作为标准，对模型再次进行检查。这是因为圆柱体的基础结构不会有比例上的偏差，只要造型和结构准确，其他的造型都不会错误。可以看到基础造型为圆柱，然后做凸起，凸起的高度及宽度都是可以从平面图观察到（图5-11）。

图5-11 战术导轨结构分析

（2）导轨制作并细化 🔗资源链接 视频：导轨细化

先把高度表现出来，然后去旋转合适角度。根据参考图进行段数计算，导轨所用的圆柱大概为32段，在此基础上，导轨（需要挤出高度）的面为6个面，每6个面之间有2个面保持不动，这2个面就是可以挖导轨内部的几个洞。也就是说，整个结构有24个面挤出，剩余的8个面保持不动。

由于四面导轨的高度是一致的，所以此刻选择一个面进行操作，后续通过复制即可完成其他几个凸面的结构（图5-12）。

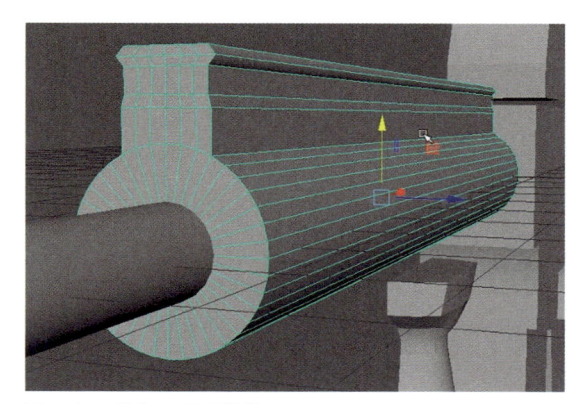

图5-12 导轨1/4凸起结构

接下来制作用于布尔运算的模型元素。导轨上的洞看起来像一个被拉长的圆柱，所以采用一个圆角的立方体作为圆洞布尔运算的基础模型元素，然后将其元素与之前制作的导轨进行造型对齐（图5-13）。

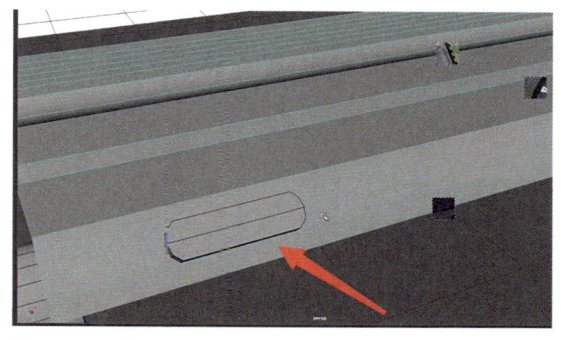

图5-13 导轨凹槽布尔前准备

需要注意的是，参考图中不同型号的造型会略有偏差。在布尔运算之前，将导轨上面的凸起结构进行加段制作。在这里使用插入循环边工具，插入48条等距的边（图5-14）。

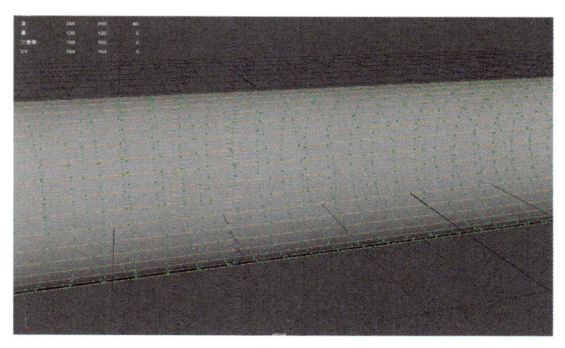

图5-14 增加段数

将用来布尔运算的所有立方体进行合并，然后依次选择物体，进行布尔运算，该处需要使用差值布尔。布尔运算之后会出现很多错误边线，需要手动使用多切割来连接（图5-15）。连接完毕之后使用虚拟光滑来检验效果。

图5-15 凹槽布尔后重新布线

第五章 武器道具——步枪 | 085

当制作好1/4的导轨后,将轴心放到圆心位置,然后进行旋转复制,得到一个完整的导轨。通过导轨片段的合并,以及合并相邻点,即可得到一个完整的导轨(图5-16)。

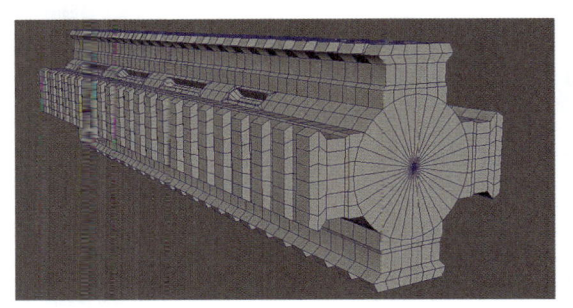

图5-16 战术导轨基本大型完成

从参考图中可知,前端有一个倾斜结构的边缘。将现有的面进行删除,然后将孔洞封闭起来,并且在下面添加一条线段来连接,然后制作结构(图5-17)。

图5-17 导轨前端斜侧结构

整个枪身最重要的结构是前端的下方有一个贯穿式孔洞。由于这个洞本身形状不规则,而且导轨的整个结构下侧高度不一样,所以这个洞只能采取使用布尔运算的方式制作。布尔运算完毕之后需要对结构周边所有的线段进行重新布线(图5-18)。需要注意的是,在制作过程中尽量保留循环边。

图5-18 导轨前端下侧贯通孔洞布尔制作

洞中是一个导气阀之类的结构。利用立方体进行简单搭建,将基本的元素进行组合,制作完毕后放于整体的位置上进行观察(图5-19)。

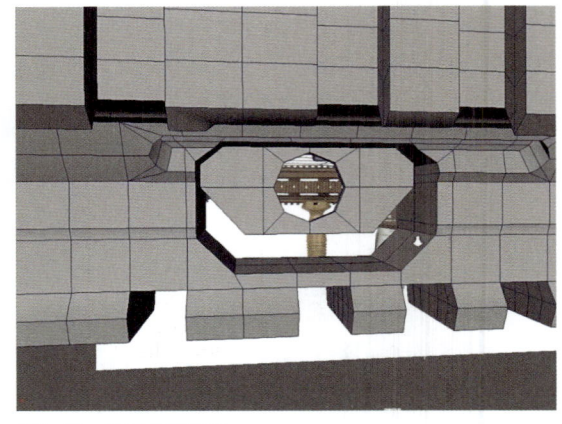

图5-19 孔洞内部结构

局部细节做完之后,将视角放于整个导轨,观察整个导轨的效果。此时对模型进行虚拟光滑检测,可以查看模型有无异常(图5-20)。

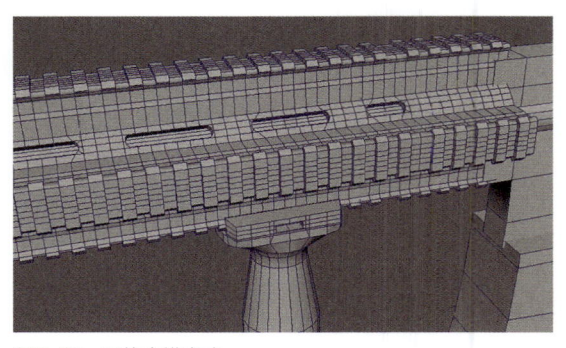

图5-20 导轨中模完成

4. 前握把制作(资源链接 视频:前握把制作)

前握把与上述导轨的制作思路一致,手动添加等比例的线段,然后对面进行整体挤压(图5-21)。

图5-21 前握把横纹结构

握把下方的竖纹旋钮结构（类似于齿轮）。将它摆到中间位置做一个同心圆。选择侧面所有的面挤压，禁用"保持面的连续性"，修改厚度及偏移的参数制作出竖纹的效果（图5-22）。

图5-22　前握把竖纹旋钮

顶部的侧面有一个贯穿式的孔洞，同样使用布尔运算方式制作。为了简化操作，可以使用镜像方式左右同时制作。（图5-23）。

图5-23　前握把一半镜像复制

握把顶部包含了导轨下方的轨道，为了让结构穿插合理，需要进行内凹造型的制作（图5-24）。

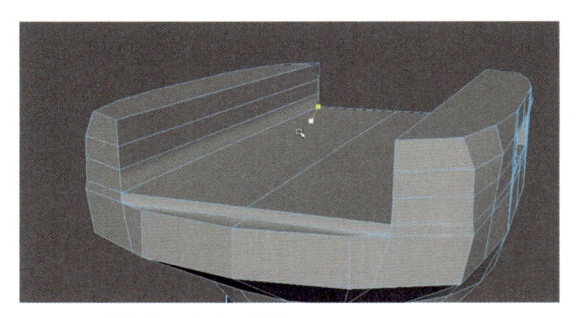

图5-24　前握把顶部内凹结构

当所有布线连接完毕后，该结构基本完成，之后为了防止点线错误，采用虚拟光滑来检测模型，并作为一个初级高模检验效果（图5-25）。

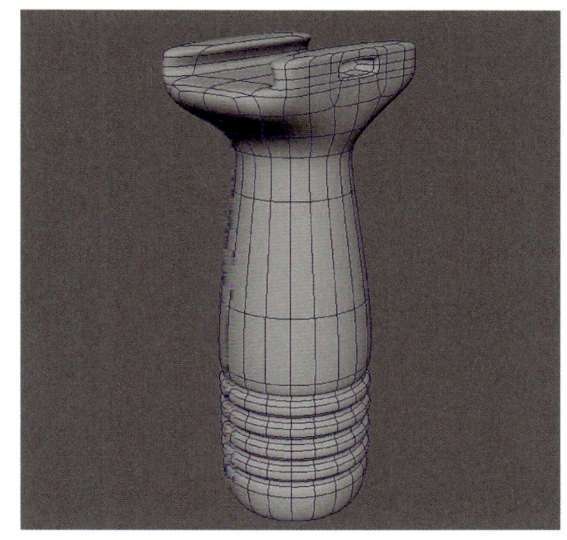

图5-25　前握把虚拟光滑检测

5. 枪托制作（资源链接　视频：枪托1、枪托2）

枪托的制作思路是化繁为简，将其分为三个部分来制作（图5-26）。此结构涉及挖洞、凸面布线等，如果在内加线做凹痕处理，会导致布线繁多。采用拆分制作的方式会较为快捷，且不影响效果。

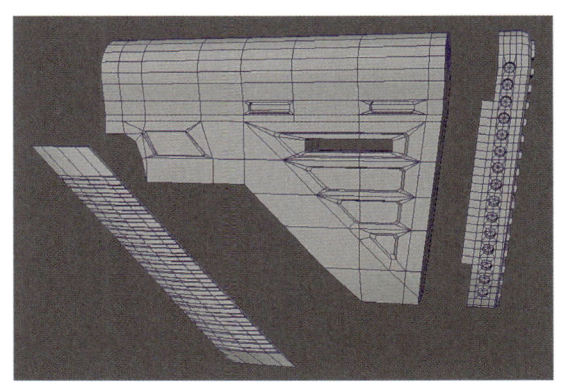

图5-26　枪托拆分三个主体

（1）枪托主体。首先，整个结构按照此前制作的大型对模型的点进行调整，让枪托结构展示出来。其次，观察枪托对发现中后部有四个内凹的结构，并且在第一个内凹的结构中存在一个贯穿式的方洞（图5-27）。

图5-27 枪托主体贯通的孔洞

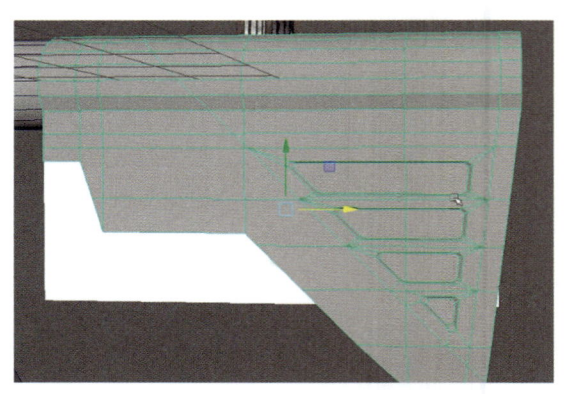

图5-30 内凹结构完成

这四个梯形结构看起来都是等距的，且将这些结构连接起来看似一个整体（三棱柱）。根据这个思路，需要在此位置制作一个三角形。将此三角形变成四个等距并且不相连的梯形结构。提取这几个面将得到内凹结构的基础造型，有了这个造型就可以制作布尔运算的模型元素（图5-28）。

根据参考可知，该枪托还有一些四边形凹凸，这里制作立方体用于该处的结构进行布尔运算，制作的时候要注意结构造型是否准确（图5-31）。而且布尔运算使用元素的时候需要制作倒角，用来模拟现实的透视效果及方便后期烘焙。

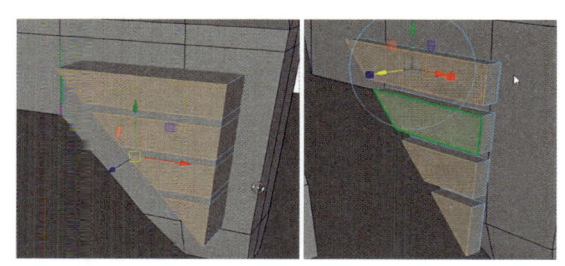

图5-28 枪托主体内凹布尔预备

在使用布尔运算之前，利用多切割进行布线优化，使得被布尔运算的内凹结构的外圈都在一个面的内部（图5-29），这样可以保证布尔运算结束之后的布线。一切就绪之后就可以使用布尔运算将内凹的结构制作出来（图5-30），并对此结构进行合理的布线。

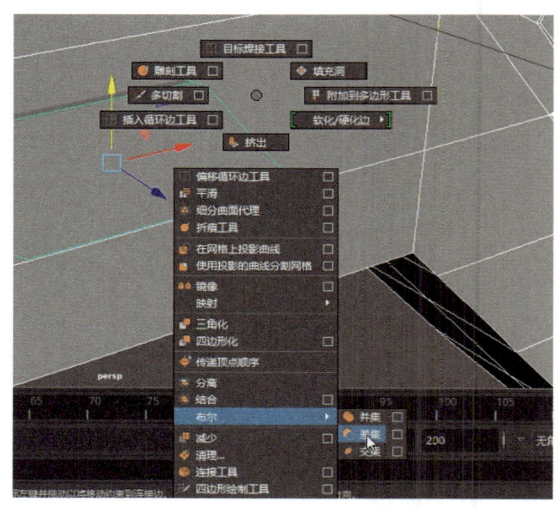

图5-31 布尔凹面结构

在枪托尾端第一个内凹的结构中还有一个贯穿的洞需要制作，也是通过同样的操作方式来制作。之后利用制作好的一半的造型镜像复制，即可得到完整的枪托造型（图5-32）。

为了让枪托的造型更为顺滑，将枪托顶部圆柱与下方的结构进行删线处理，可以让结构的变化更加平缓且真实。由于修改了结构中的线，此面变成了带有角度的斜面（图5-33）。将准备布尔运算的立方体进行旋转，以达到它们的角度一样，此后开始进行布尔运算并且修改布线。

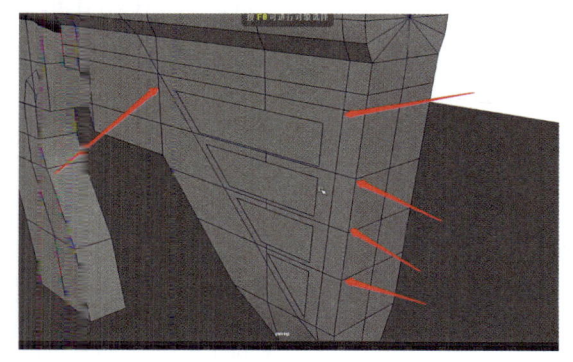

图5-29 布尔前期提前布线操作

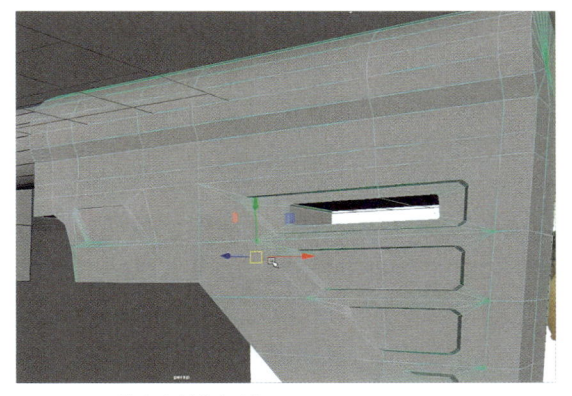

图5-32　Z轴左右镜像复制

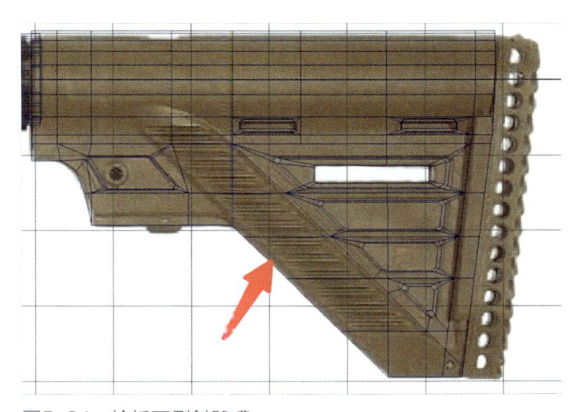

图5-34　枪托下侧斜凹槽

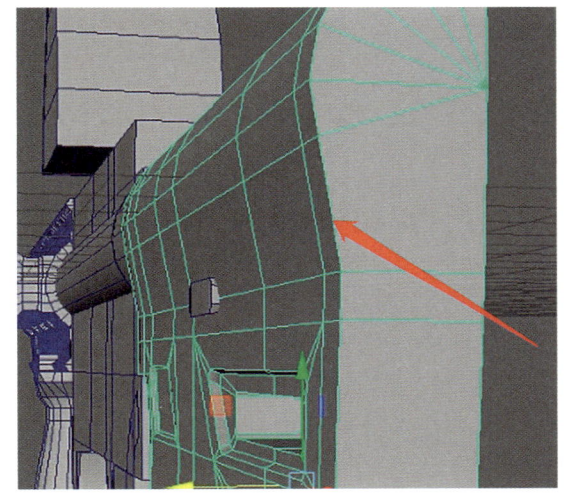

图5-33　枪托侧面倾斜角度

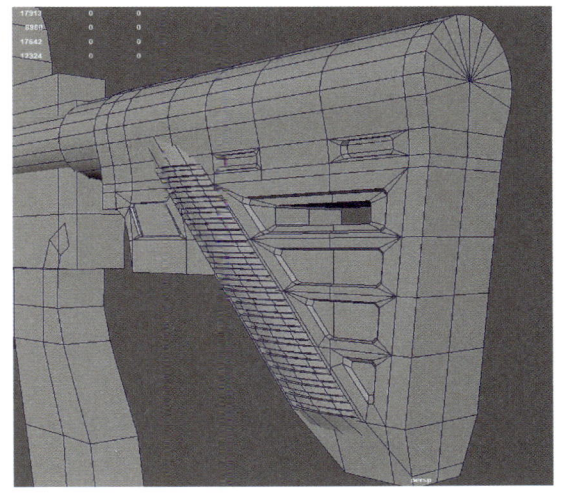

图5-35　凹槽下部倾斜度

（2）**枪托下侧斜凹槽部分**。图5-34中的零件包含较多的凹凸面，可以使用拼接的方式将其放置在枪托的主体结构上。首先，用立方体搭建一个圆弧形的结构与枪托主体进行拼凑。其次，确定结构交接区域，使用循环边增加等距的线段。再次，选中增加凹槽区域，使用挤出面的命令，在此需要使用偏移及平移命令。

该处造型制作完毕之后，为了让该结构底部主体贴合，将这里的顶点打平然后往内移动。复制面并进行挤压操作，获得一个有着厚度的造型，然后在正视图中贴合主体造型。再根据参考图进行倒角，制作的时候需要参考转折弧度，该弧度决定着物体的剪影及物体的软硬程度（图5-35）。

小技巧：不同倒角的连接方式，可以用来制作由柔性转折到尖锐转折的效果。

（3）**枪托后盖**。枪托后盖的造型看起来是一个与枪托结构相互衔接的异形结构，所以最简单的制作方法就是选择上部的圆形结构挤压厚度、移动位置，从而将后盖造型制作完成。由于后期需要添加段数来制作尾部的凸面，所以在这个阶段中需要对零件的造型进行最终的调整。需要注意的是，后盖上半部分的倒角要比下半部分的大（图5-36）。

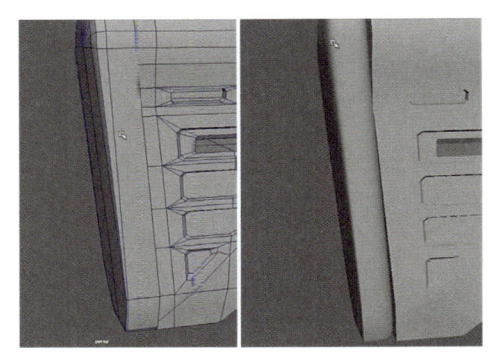

图5-36　后盖结构上部大于下部

第五章　武器道具——步枪 | 089

为了制作枪托尾部凸起的衔接结构需增加线段，需要注意的是，线段数量尽量接近参考图，选择对应凸起的面来挤压（图5-37）。

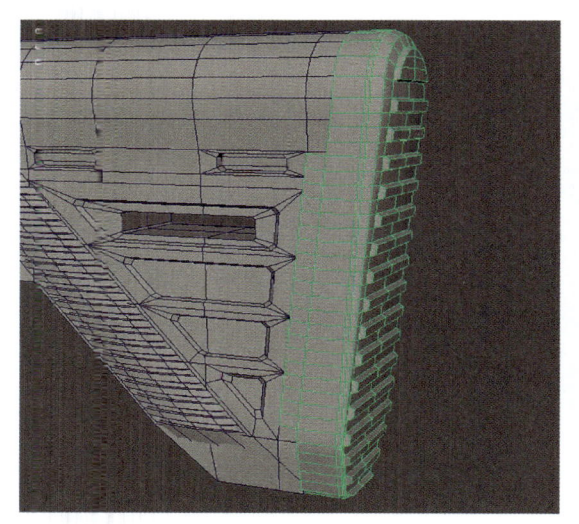

图5-37 后盖凸起结构

从参考图中看出后盖的侧面有很多圆洞。这里的操作步骤是复制8个段数的圆柱体，按照参考的位置及后盖上布线的位置进行选择，之后进行布尔运算并且重新布线，即可得到圆洞内凹的效果（图5-33）。

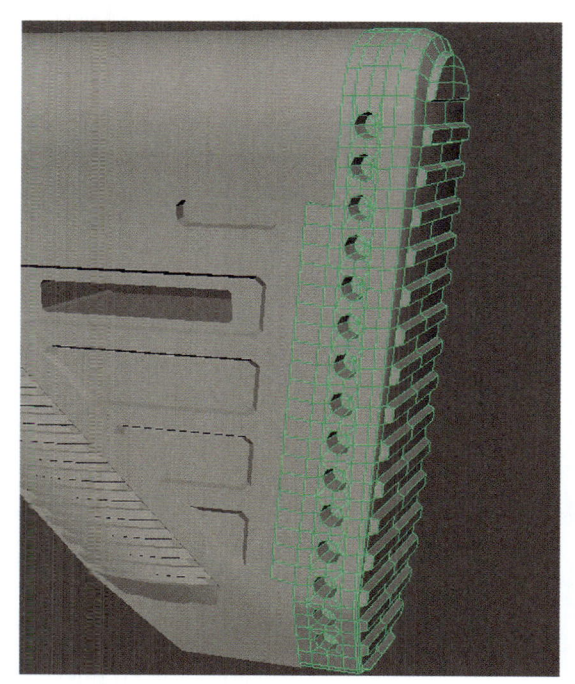

图5-38 后盖侧面内凹孔洞

6. **枪身制作**（资源链接 视频：枪身1、枪身2）

步枪的枪身区域是最复杂也是呈现给玩家的最大部分。将该区域拆分成若干部分来制作，方便理解和操作（图5-39）。

图5-39 枪身结构拆分

（1）**上方导轨**。枪身部分的导轨需要选择之前制作导轨上的部分面，将其复制到枪身区域即可。在枪身上手动增加匹配导轨线段，后合并两个模型。这个操作可以免去再次制作导轨的过程，且能保证导轨的间距与大小。制作完成之后需要虚拟平滑检查，查看是否有错误的地方（图5-40）。为了制作上方导轨凸起的结构，整个枪身上侧的布线较多，不利于后期制作，在此可以使用收线的工具将无用的线合并起来。这一方法可以在不改变造型结构的基础上将模型的面变得少一些，这是游戏道具制作中较为常见的减面方法（图5-41）。

（2）**枪身下半部分凸起结构**。枪身细微的地方存在若干的凹凸结构，包括枪身平面的凹凸及弹夹收纳区域层次结构，利用插入循环边命令增加段数，后侧边挤压制作凹凸结构（图5-42）。

（3）**扳机结构**。通过新增立方体，对其增加线段调整就可以得到造型。扳机对于枪械来说左右一

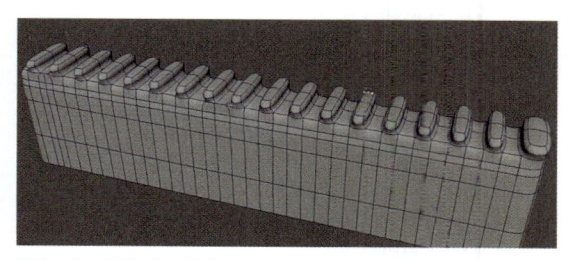

图5-40 枪身上方导轨

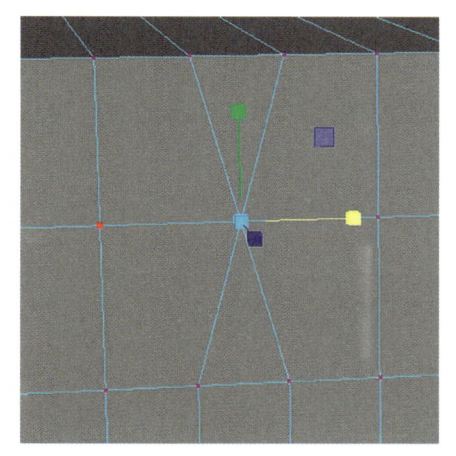

图5-41 合并线的方式减面

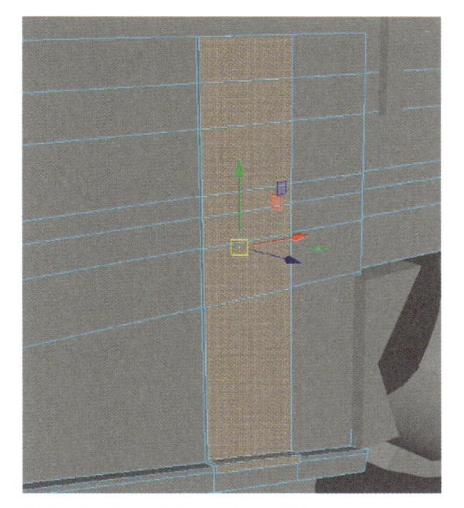

图5-42 枪身下半部分凸起结构

致，可以采用制作一半再复制另一半的做法，快速完成整套内容的制作（图5-43）。此外，还需要切换到其他视图中调整扳机的厚度，让它符合实际的参考比例。

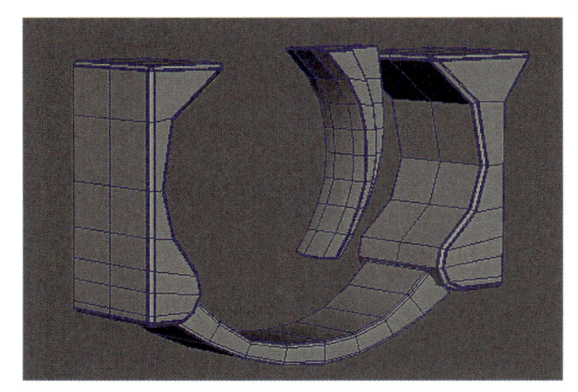

图5-43 扳机结构

（4）枪身小零件。该枪械有些结构的物件是单独剥离的，并不是完全焊接在枪身上，所以对于制作来说，可以直接用制作好的造型附着在枪身上即可。

需要强调的是，一般枪械中段部分造型并不完全一致，制作的时候需要留心注意，避免枪身左右完全一致的错误情况。

（5）枪身上侧的一部圆弧凸起结构。这个零件的制作思路是与一个圆柱体进行布尔运算，得到圆润光滑的曲面结构。而枪身导轨处的线段较多，要与之进行布尔运算就必须增加段数与导轨匹配，所以圆柱体的侧面需要手动添加线段。此后进行运算并且合并相邻点，可以让这一结构完成得更好（图5-44）。

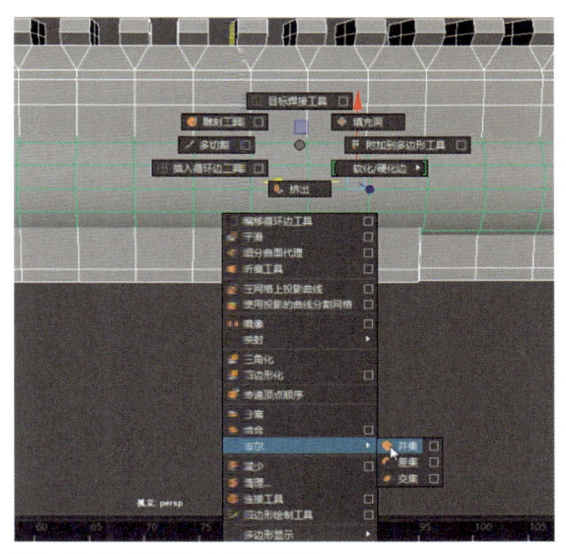

图5-44 枪身圆柱与上方导轨结合

（6）枪身下半后处的异形结构。此处结构看起来是一个圆柱与下半枪身合并所得到的异形，需要先制作一个拥有合理段数的圆柱，方便后续的布尔运算或者合并等操作（图5-45）。

图5-45 枪身下半后处的异形参考

第五章 武器道具——步枪 | 091

采用删除面并且将两个物体直接合并的方式制作，删除之前的圆柱部分曲面，然后与下面的枪身进行桥接，桥接完毕之后左右镜像得到一个完整的枪身（图5-46）。该枪身前后区域的面无法有限填充，可以暂时不进行理会，照常进行镜像即可。镜像之后合并两个网格，然后合并相邻点使其彻底成为一个网格，然后再对其进行补充命令。

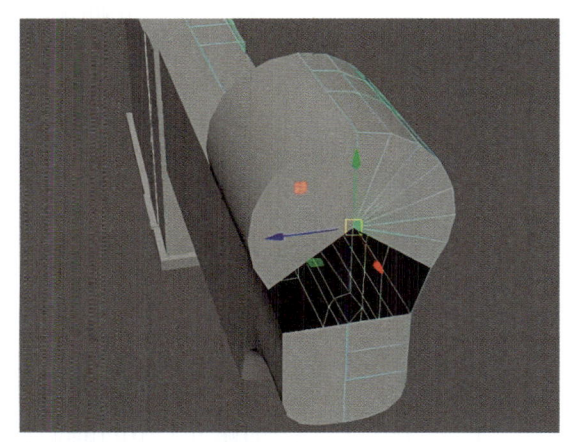

图5-46 枪身后异形圆柱体结构

在此基础上调整结构布线，方便调整正视图的点，也方便了弧度造型的制作。适当增加段数并对其进行调整，然后将其打平。

为了制作后面的凹槽，这里需要将中间线段进行倒角，用来获得间距一致的线段，然后进行挤压操作。制作这一凹槽部分的时候需要注意整体的趋势是由平行到收窄变尖（图5-47）。

调整完毕之后需要切换到各个角度调整处理。切换到正视图的时候，可以尽量去调整布线，尽量让其延顺着结构进行排布，且保持着一定的美观。

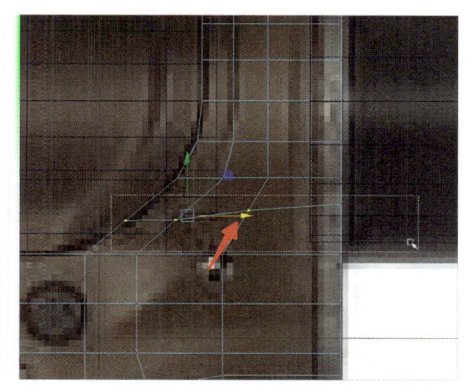

图5-47 异形内凹结构

（7）**关于背部结构的造型**。直接将图5-48所示的零部件模型穿插操作，其实之前已经做完部分内容，这里只需要添加一些细节即可。

图5-48 步枪背部结构

（8）**导气室**。这个结构由几个不同大小的圆柱组成，制作完成之后按照参考图中所示将其带有一定角度插入枪身主体即可。

（9）**退弹口盖**。该结构真实的设计是枪械射击后子弹弹出的用途，因为这里不做退弹的动画，可以直接盖上，内部细节不用制作（图5-49）。之后将模型贴合到枪身上即可。

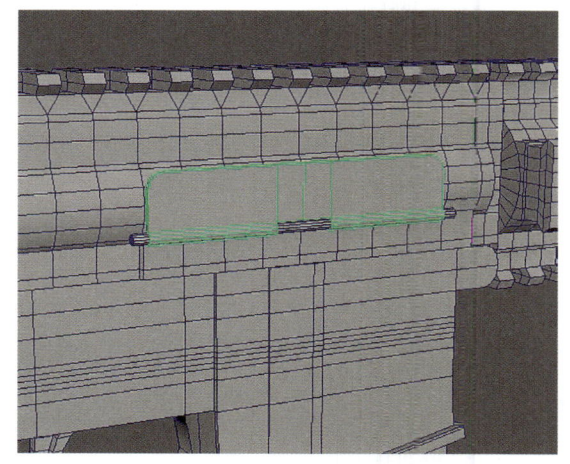

图5-49 退弹口盖

7. 后握把（ 资源链接　视频：后握把）

后握把的结构相对来说较为简单，需要将此前制作的握把的模型进行细节修改，并且对整个结构的外部进行倒角，让其边缘变得圆润一些，更适合拿在手上（图5-50）。

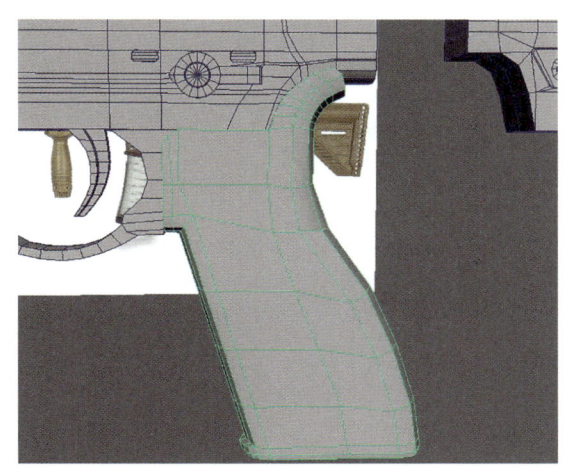

图5-50 后握把

8. 枪管（资源链接 视频：枪口）

枪管的造型在这里采用的是视频中的普通枪管。这个结构是不同大小同心圆组合，同时在枪管前端有一个镂空的退火镂空设计（图5-51）。

图5-51 枪口

从正面来看，大概有6个洞需要制作。将此前制作的圆柱改成24段，再根据枪管的造型把基础的凹凸结构全部做完（图5-52）。

图5-52 枪管基础造型

选中前面需要制作镂空的枪口部分，将其提取变成一个单独的模型。通过前面计算，整个枪管有24个段数，每个洞占2个段数，正常的面也占2个段数，正好可以完全平分出6个洞的面。与第二章消防栓制作的部分操作相同，选中其中的两个面挤压，并调整造型得到一个孔洞的结构，删掉无用的面，只保留其中一组的内容（图5-53）。再将这个结构复制出6个，变成一个圆柱的造型（图5-54），选中所有的模型合并，同时合并相邻点。在此基础上挤压出枪口的厚度，这里需要注意的是，向内部挤压，才能得到枪口的整个正确的结构（图5-55）。而且内部的枪管补完面之后的点需要向内移动，让整个枪管看起来是空腔结构（图5-56）。

图5-53 枪口1/6结构

图5-54 枪口单面结构

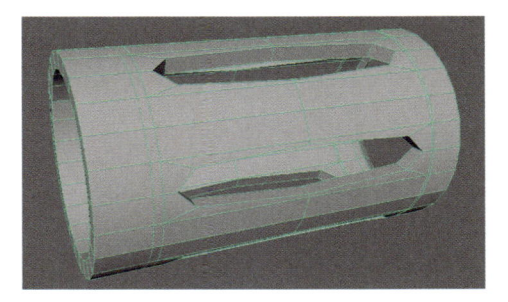

图5-55 枪口模型完成

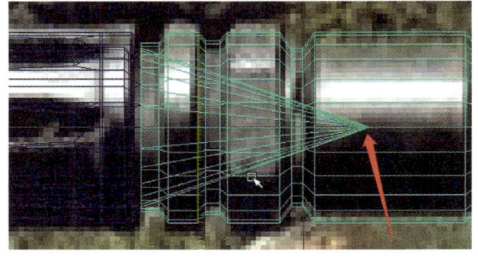

图5-56 枪管空腔结构

第五章 武器道具——步枪 | 093

其余枪管上的一些造型结构，通过对枪管的提取面并在模型基础上调整造型，就可以完成零部件的制作（图5-57）。

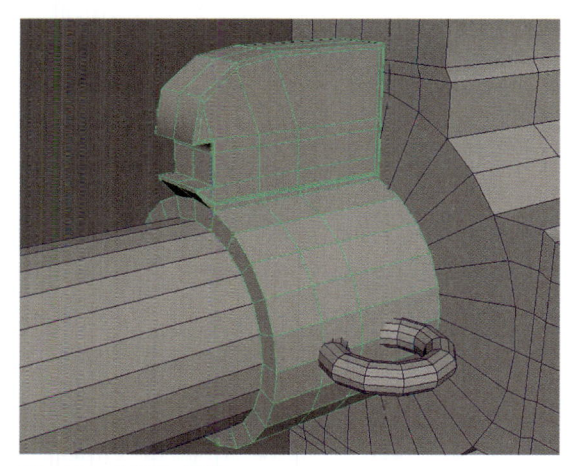

图5-57 枪管异形结构

9. 弹夹（资源链接 视频：弹夹）

这个结构非常简单，在之前弹夹基础上对其进行加线，之后将弹夹上的沟槽制作出来即可。部分区域使用挤压面的形式制作（图5-58）。

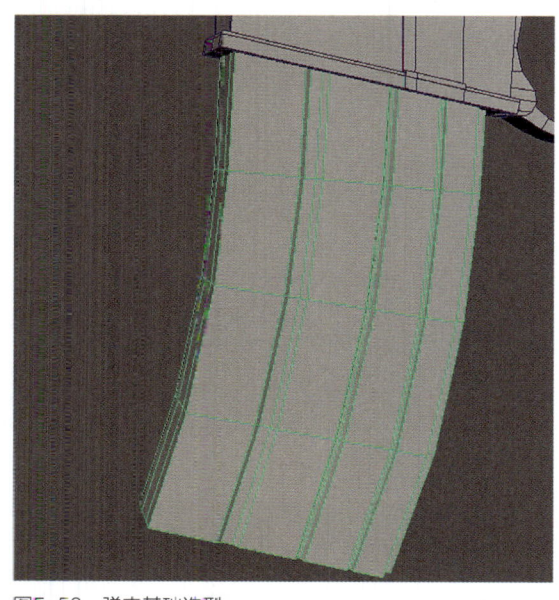

图5-58 弹夹基础造型

10. 瞄准器（资源链接 视频：瞄准镜1、瞄准镜2）

瞄准镜结构相对复杂，除去几个螺栓外，根据瞄准镜的材质主要将其分为五个部分来制作（图5-59）。

图5-59 瞄准器部件拆分

（1）**外壳部分**。在前期大型的基础上，通过加线并且调整结构得到一个与瞄准镜一致的整体造型。由于真实的瞄准镜中间为贯通状且有一个透明的玻璃准镜，所以这个结构只能是一个有厚度的外壳。有了这个思路之后，将内部的面全部删掉，选中整个外立面，将其向内挤压面，就可得到瞄准镜的外壳（图5-60）。

（2）**导轨衔接器**。这个部分是一个黑色类似于立方体的结构，只需要对一个立方体进行调整就可以得到。需要注意的是，这个结构的两个外侧面需要与前面做好的瞄准镜外壳的内侧面基本贴合（图5-61）。

（3）**中部结构**。这个结构非常复杂，在制作前期需要根据参考图对其进行细致分析（图5-62）。

从参考图中分析，这个结构的基础就是一个圆柱与一个立方体的结合，从而得到基础造型。在基础造型上，根据箭头1发现，此处要凸与整体结构，箭头2处需要制作一个凹槽，但是暂不确定需要直接布线还是运用布尔运算的方式。箭头3处其实是一个外壳的缩小版，但是需要与下方的整个结构相连接。

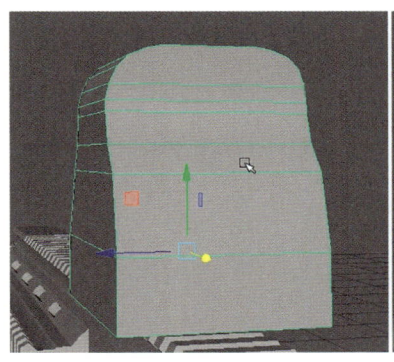

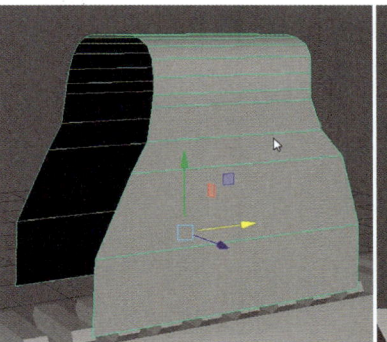

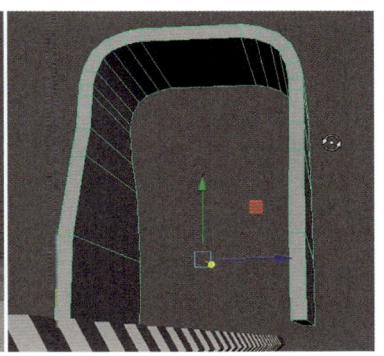

图5-60 通过挤压外面得到瞄准镜外壳

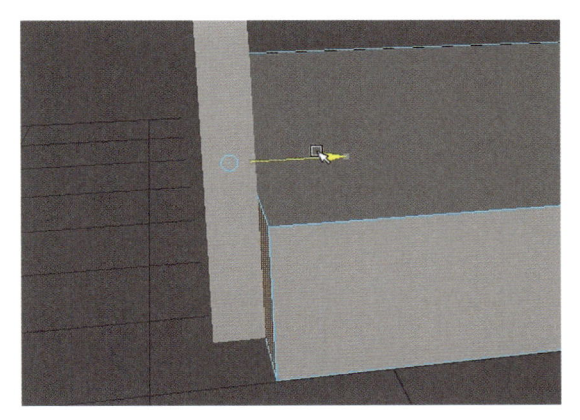

图5-61 注意零件之间保持贴合

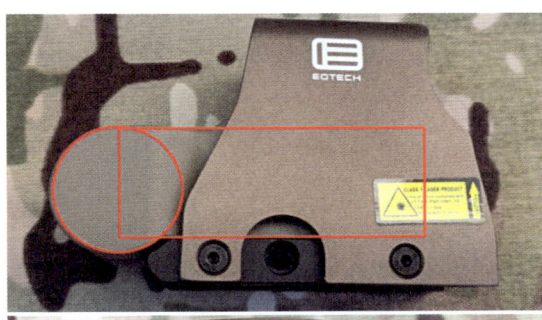

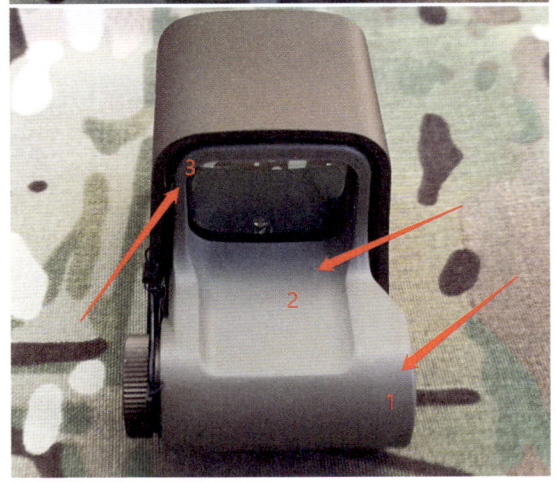

图5-62 中部结构解析

首先，取一个圆柱，通过删面和挤压的方式得到一个如图5-63的造型。这里需要注意的是，需多个角度观察造型与比例结构是否与参考图一致，并且将其布线完整。

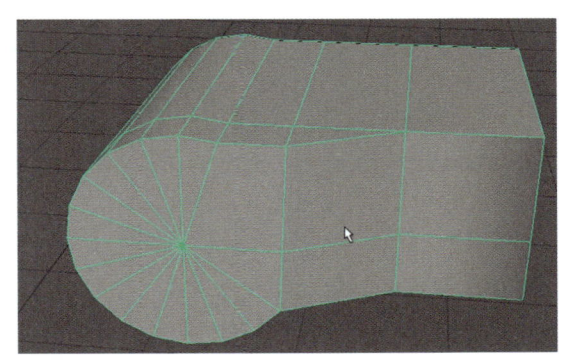

图5-63 中部基础结构

其次，选中瞄准镜壳内部的面，复制面的操作，得到一个内部结构。再将其进行挤压就可以制作出一个缩小版的瞄准镜内壳的造型。此处要与参考图一致，做到内壳与外壳保持一点间隙的真实效果。

删除下半部分的面，将两端通过桥接的方式连接下部，得到一个方体的结构（图5-64）。

为了让下面圆柱方体的异形结构与此部分可以通过布尔运算结合在一起，需要对异形结构先调整成有内凹的效果（图5-65）。

接下来进入到比较关键的步骤，为了让两者完美结合，需要对两个模型相连接的地方布置线段，而后通过布尔运算将两个物体结合在一起。布尔运算结束之后需要非常耐心地删除每一个无用的线段和废点，有时候需要用删除面再补面的方式来修复。之后就可以得到瞄准镜内部异形的完整结构（图5-66）。

第五章 武器道具——步枪 | 095

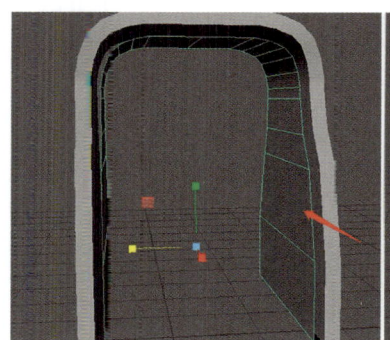

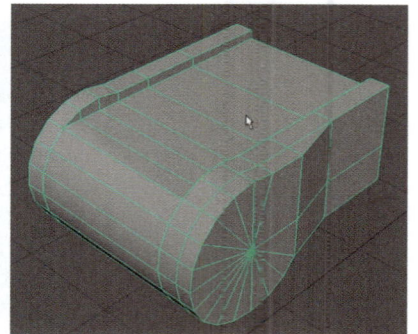

图5-64 内部壳制作

图5-65 中部结构内凹处理

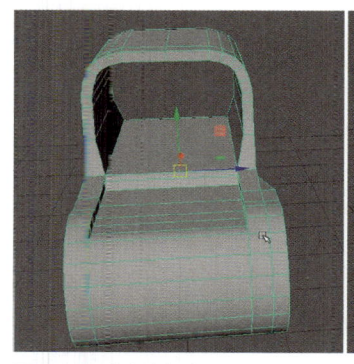

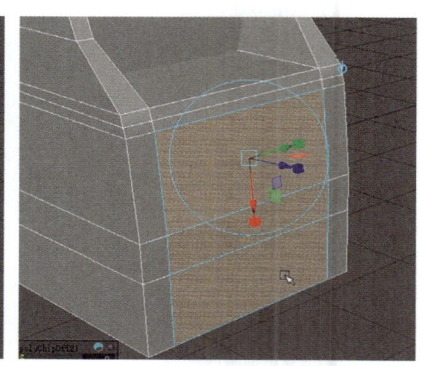

图5-66 将内壳与中部结构结合

图5-67 瞄准镜按钮区域

（4）玻璃准镜。玻璃准镜构造就是一个嵌在内部的一个立方体，操作比较简单。

（5）瞄准镜按钮。这个部分的结构镶嵌于中部的结构当中，此部分的造型较为独特，而且内部需要制作四个内凹的螺孔及三个凸起按钮，结构较为复杂。

首先，选择采用复制中部面的方式制作内部结构（图5-67）。其次，通过对复制的面进行加点、加线调整造型，并且挤压出厚度的操作，得到如图5-68所示的结构。

为了避免中部结构与按钮结构布尔运算出错导致文件破溃，需要采用的技巧就是将需要布尔运算的面先单独拆出，使用这个面再进行接下来的操作，等制作完成之后再将这个面补在原来的结构上（图5-69）。

瞄准镜的按钮部分通过对内部面的复制及挤压就可以得到，结构相同，只需要对其进行略微缩小就可完成按钮底板的结构（图5-70）。目前瞄准的中模全部完成，内部的按钮和螺孔操作可以参考之前挖洞结构来制作。

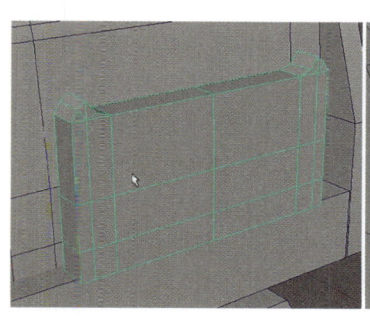

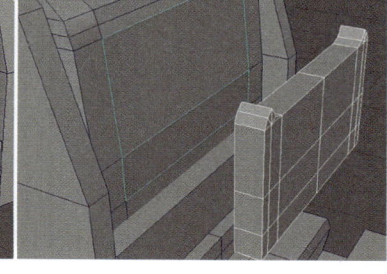

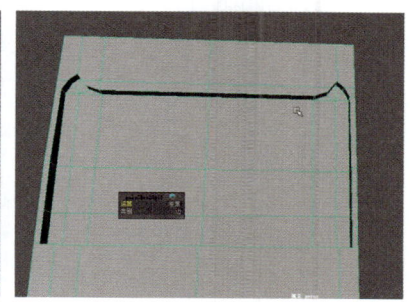

图5-68 按钮区域

图5-69 按钮区域内凹

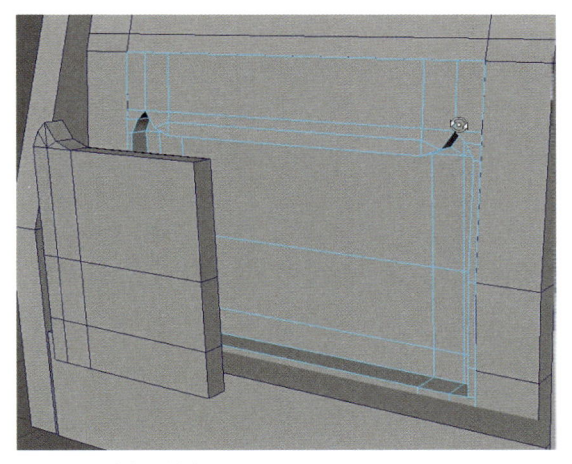

图5-70 内部面缩小

11. 其余零件（🔗资源链接 视频：查缺补漏零部件）

在完成主要的造型制作之后，继续检查是否有遗漏的零部件。这些零件制作难度较低，暂不赘述，可以观看视频文件继续学习。

（二）高模

1. 枪管（🔗资源链接 视频：枪管高模）

通常制作高模是基于对中模造型的丰富，以及保护线的制作，以防后面高模光滑时候的形体破坏。常用的卡线方式如下：

（1）倒角卡线；
（2）增加循环边卡线；
（3）多切割卡线。

但是在制作的过程中要仔细观察物体的软硬，时常按"3"进行虚拟光滑的效果检测（图5-71）。

在进行卡线环节，可以通过快速选择循环边来进行倒角，以获得效果。在创建或想要保持模型上较为锐利的结构时，如图5-72所示中，枪管部分的坚硬结构需要保证保护线之间的间距不要过大。用倒角的方式创建的保护线可以直接编辑，增加线段的间距范围。

枪管的整体造型较为硬朗，选中所有线段，然后倒角处理，可以获得不错的效果（图5-73）。但是这种情况较为少见，制作过程中需要注意分辨在何种情况之下才能采用全选倒角的方法。

对枪管前端的瞄准器部分进行保护线编辑的时候，需要进行一些后期优化处理。如图5-74所示，在制作过程中多次使用倒角命令是因为倒角时有些

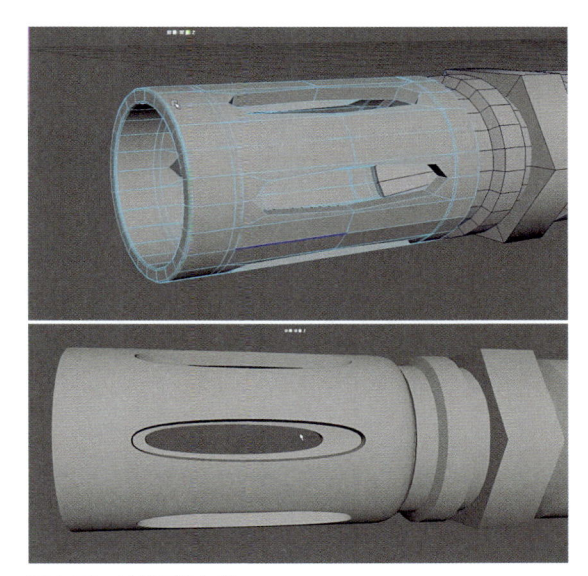

图5-71 枪管倒角加线

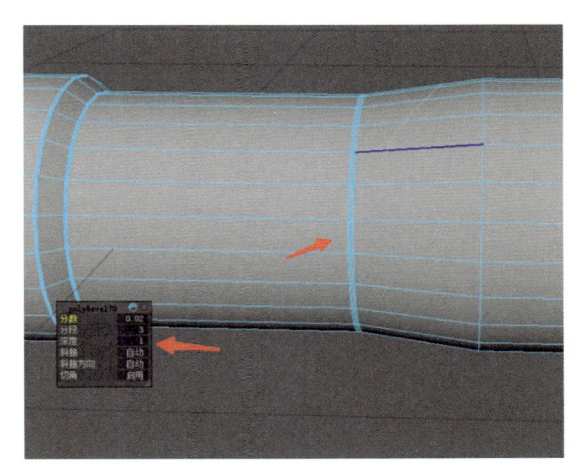

图5-72 明显交界处需要紧密卡线

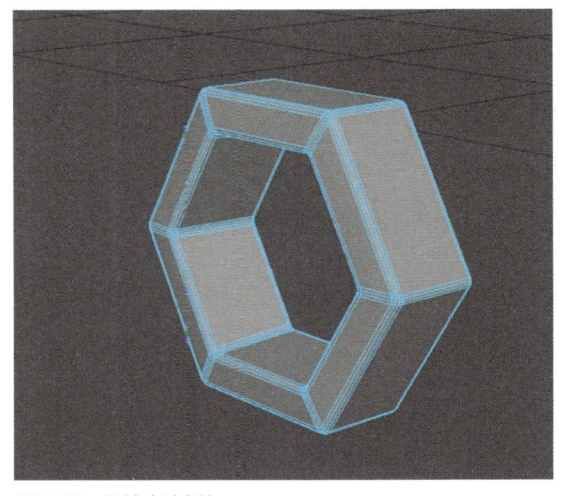

图5-73 螺栓全选倒角

第五章 武器道具——步枪 | 097

线段未能正确选取，这会导致出现漏选、多选等错误。

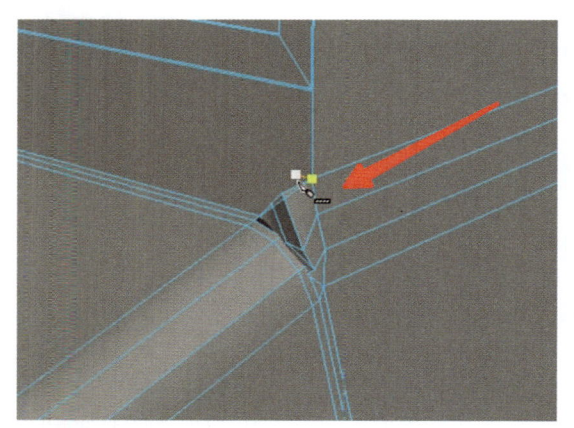

图5-74 多次倒角形成错误，需要手动布线处理

为了方便选取时不至于出现漏选或者多选的尴尬情况，建议在较多边面的时候按"4"，使用线框显示。在该模式下选中的线段会高亮显示，这可以减少错误的概率。

目前为高模阶段，点线面的操作更为频繁。在卡线之后依旧要进行点线的调整。在调整的时候要记住两个基本的原则：线段围绕结构走向编辑；按"3"，虚拟光滑无错误结构和错误光影。

除此之外，其他章节中常用的镜像办法在这里依旧可以采用，如图5-75所示。该结构是枪管的一部分，它的结构特点是上下一致的。在Maya的空间中即为Y轴对称，这里可以先处理对称的部分，然后删除另一部分，再进行Y轴对称复制即可。之后需要选择两个网格进行合并，此时虽然在大纲视图中显示的是一个网格信息，但是按"3"虚拟光滑时就会发现错误，即镜像的边界区域有明显的裂缝。这是因为即使合并成一个网格，但是内部的顶点并未缝合，所以目前算是处于一个伪合并的状态。这里需要执行合并相邻点的命令，再将数值设置在0.001的阈值即可。

除了删除镜像之外，还可以采用对称功能制作，但前提是要保证对称方向的结构布线一致，如图5-76所示。该结构不仅Z轴对称，而且它的结构硬朗。可以使用上面提及的全选线段进行倒角，但略为不同的是图中的结构，圆圈绿色方向的线段不建议进行卡线，否则孔洞的结构造型将会不准确，

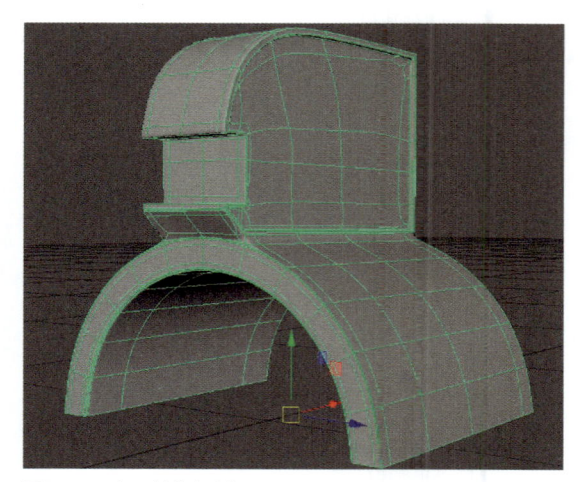

图5-75 上下镜像复制

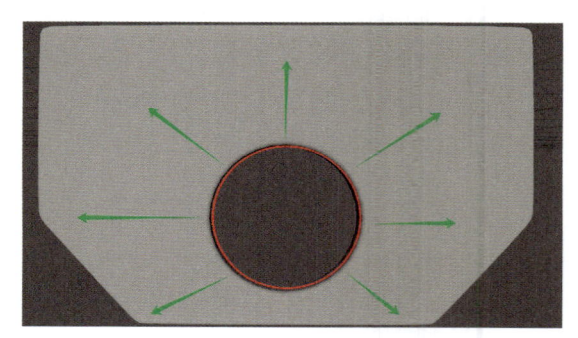

图5-76 圆形结构合理布线的效果

且在绿线方向出现过于硬朗的结构。

2. 导轨（资源链接 视频：寻轨高模）

由于导轨中模面数较多，所以需制作高模以方便后续的编辑操作。这里建议提前将之前中模上一些多余的结构线进行删除，图5-77中高亮部分选择删除的多余线段。关于多余线段选择是否正确的问题，有一个关键点：凡是删除的点或者线不影响结构造型的，就可以删除。

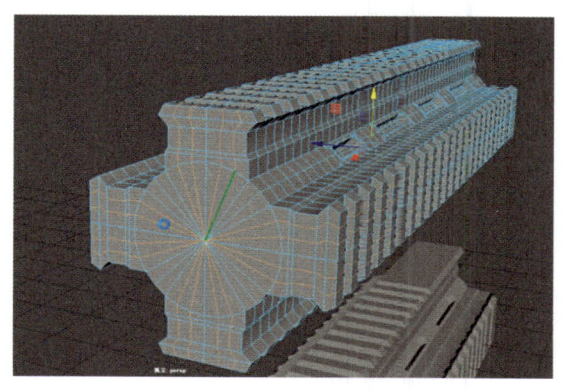

图5-77 删除无用线段

此外，还需要进行一些其他处理，如删除历史记录、冻结变换。有时候项目中的模型文件出现问题往往是上述操作没有进行导致的，如果模型存在大量的历史记录，再进行后续编辑的时候会出现严重的卡顿，删除历史记录有利于降低内存、减少消耗、加快操作流程。模型的制作过程不是一蹴而就的，它在各个制作阶段都是不断进行检查修复的过程。

如图5-78所示，在中模上布尔运算的结构需要进行倒角卡线处理，但会存在大量的错误线段，需要对其进行手动修复。

图5-78 手动加线处理高模

导轨的大多数制作其实在中模阶段就已经完成了，如造型的确立，布尔运算完成孔洞凹陷。在高模阶段主要完成保护线的编辑及模型边缘软硬确立，此后更多的是加线处理后再利用多切割进行点线修复。

为了快速卡线，可以选择循环边进行倒角，也可以使用增加循环边命令（在这里可以发现，中模阶段的一些操作也是为了方便高模阶段的处理）。

本节对导轨的主要处理手段是卡线后再修复（其流程的简化得益于对中模的良好处理），如图5-79所示是虚拟光滑之后的效果。

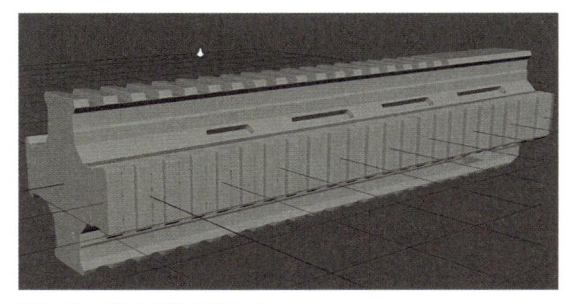

图5-79 战术导轨高模完成

3. 前握把和弹夹（资源链接 视频：前握把与弹夹高模）

（1）前握把部分。 为了方便制作，此时采用的方法依然是只做一半，再复制合并处理另一半（图5-80）。值得注意的是：设置阈值不宜过大，否则会把一些相近的点错误合并。

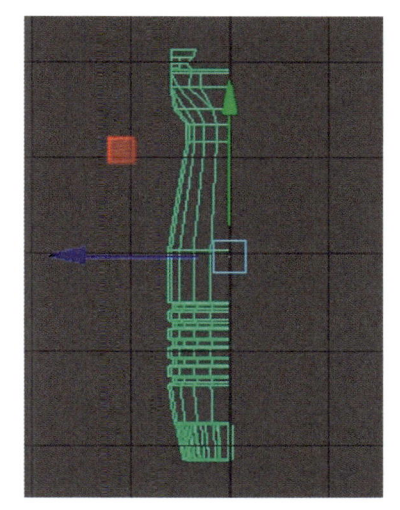

图5-80 以一半模型修改布线

前握把方形结构的底部结构及孔洞，都是类似的坚硬结构，这里选择它们进行倒角运算，并将生成的保护线调整为合适的间距（图5-81）。

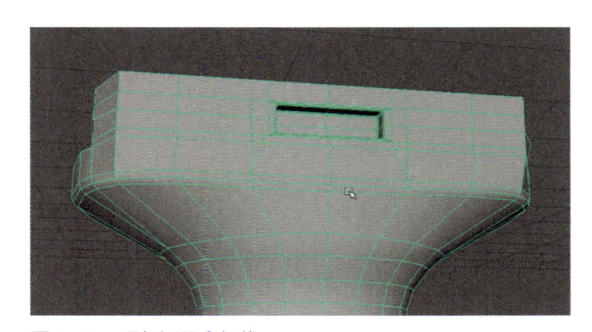

图5-81 顶部近距离加线

需要注意的是，在进行倒角的时候尽量选择相同结构同时倒角。倒角的运算原理是根据两个顶点之间的距离生成新的线段，如果同时选择多个不同间距的线段，它们会默认以所选线段间距最小的两个顶点之间进行生成，而这样生成的线段是错误的。

制作过程中可以适当增加一些相距较远线段之间的循环线，可以让光滑之后的线段分布更为平均,使得布线更加规范整齐。

此外,在卡线过程中生成的一些错误部分一定要及时修正。图5-82就是在倒角过程中出现的问题,需要对其进行多切割增加顶点,将结构线进行延顺的修复方式。

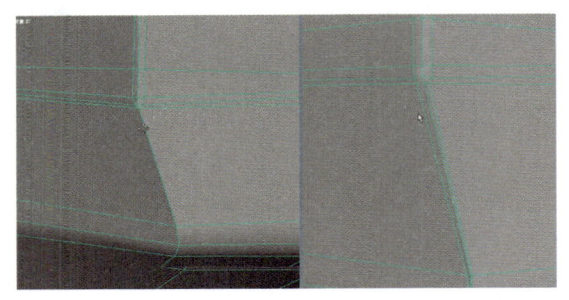

图5-82 手动修复布线

握把下面的这部分结构,卡线便可以成为一种很简单的方式——直接倒角(图5-83)。

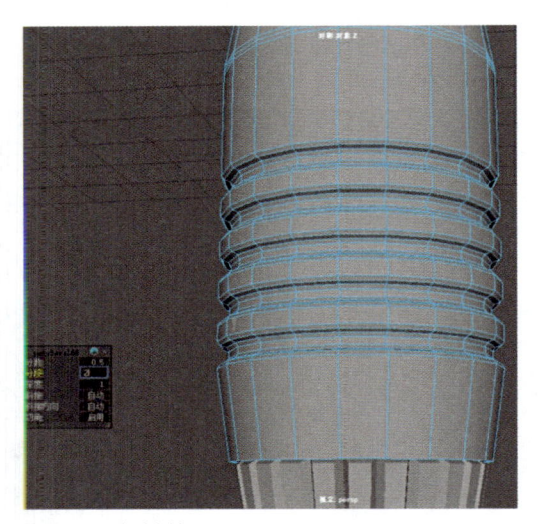

图5-83 全选倒角

握把底部是一个棱角分明的结构,而且这里并不存在剪影圆滑的物体。全选线段,然后直接地进行倒角处理,设置到合适的间距和分段,然后按3虚拟光滑进行效果检测。

(2)弹夹。如图5-84所示,弹夹高模卡线的环节依旧选择循环边进行倒角。但是这里需要注意两点:一是仅选择竖向的线段进行倒角;二是选择的竖向线段是先选择外侧的部分进行倒角,再对内侧区域进行倒角。

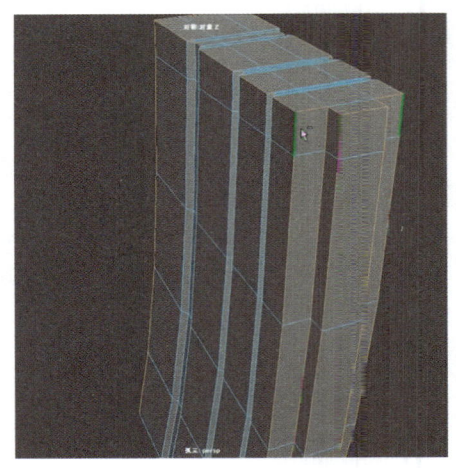

图5-84 竖向线段全选倒角

竖向的内外线各个顶点间距不一致,同时选择倒角会出现完全相同的曲面弧度。在这种硬表面结构上,它的内外弧度是有区别的,为了区分差别,结构造型和线段弧度应该有所差距,因此需要分开进行。如图5-85所示,这是不同转折的效果对比。

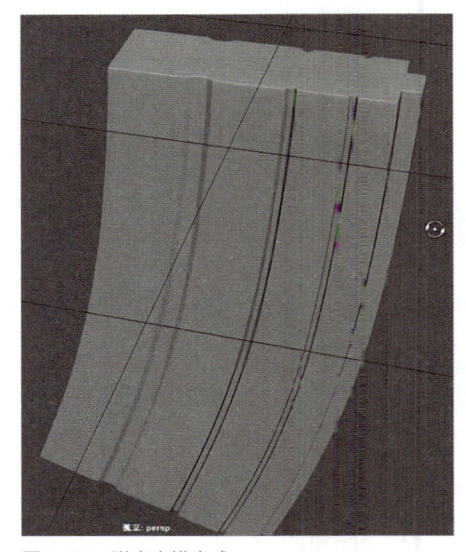

图5-85 弹夹高模完成

4. 瞄准镜（ 资源链接　视频:瞄准镜高模）

将瞄准镜分为前后两部分,前面圆的结构为一个部分,后面其他结构为另一个部分。

方形结构的区域可以通过选择边缘循环线进行倒角处理。在进行此操作的时候应当进行多次检查,以防止多选、漏选等问题。倒角完毕之后要检查布线是否合理(图5-86)。

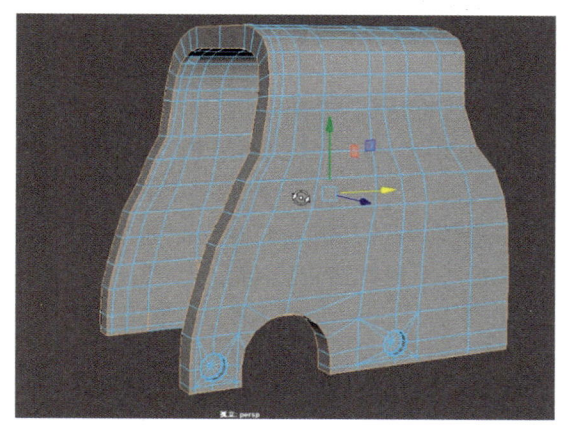

图5-86 边缘线倒角

瞄准镜下面的结构是由上面方向的结构进行覆盖的，但其本质是两个零件。该结构相较于上面模型在高模处理上较为麻烦。

在这里需要选中以圆形边缘结构线的方式进行倒角。如果边缘线倒角效果不佳，可以在手动倒角圆形区域的边缘线之后。在矩形区域的模型结构中利用多切割工具手动加线，然后修复布线，注意手动多切割的时候会导致增加一些错误的过渡线段，需要仔细检查，保证效果准确（图5-87）。

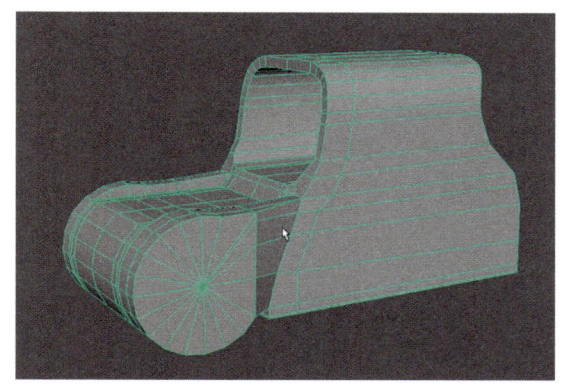

图5-87 非循环线需要手动布线

无论上述的哪一种方式，都需要保证布线问题。尤其防止出现一个点连接过多顶点的问题。该种结构在光滑之后可能会产生错误的拉扯及光影效果。

如图5-88所示为高模处理效果。如果在制作高模的时候想要方便查看高模的质感效果，可以给模型赋予一个布林材质球，适当地将材质球的颜色调暗一些，在各个角度观看可以得到不错的效果。

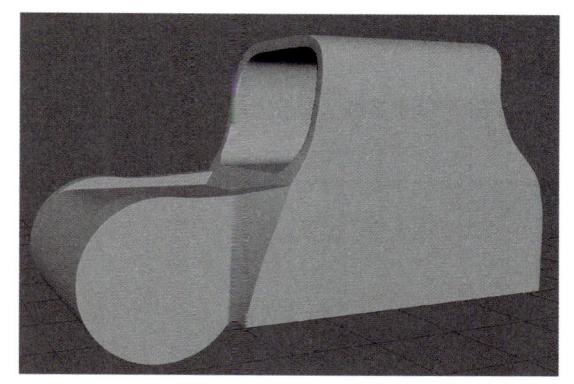

图5-88 瞄准器重要结构高模

除了整体的大型结构之外，还可以看到还有很多细小的结构。例如，瞄准镜边侧的齿轮结构，在这里可以全部线段集体倒角处理，给予适当的分段和间距即可（图5-89）。

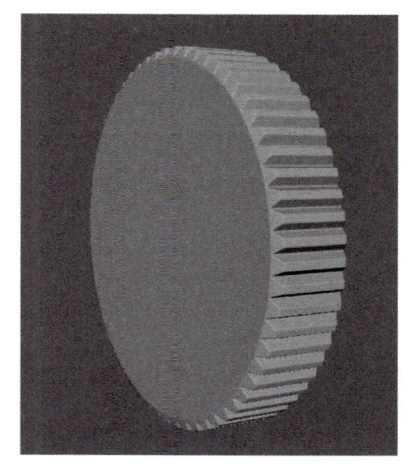

图5-89 旋钮全选倒角

瞄准镜底侧的方形结构（图5-90），选中它的边缘结构线进行快速地倒角处理。由于前后点与点之间间距过长，光滑的边缘会有微微泛黑的趋势，可以在前后之间增加一些线段进行补充，防止出现错误。

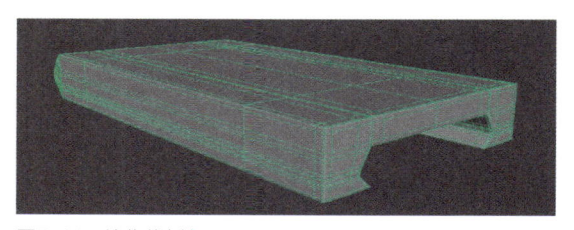

图5-90 边缘线倒角

第五章 武器道具——步枪 | 101

处理完底侧面板之后，继续处理瞄准镜背后的面板，如图5-91所示。它有着丰富的造型，凹凸都较为明显。这里需要选择凹陷孔洞的边缘来进行倒角。因为该结构在感官上是靠近主角的第一视角，所以在这里尽量要和主体物在相同观察视角，方便匹配它高模的结构弧度。

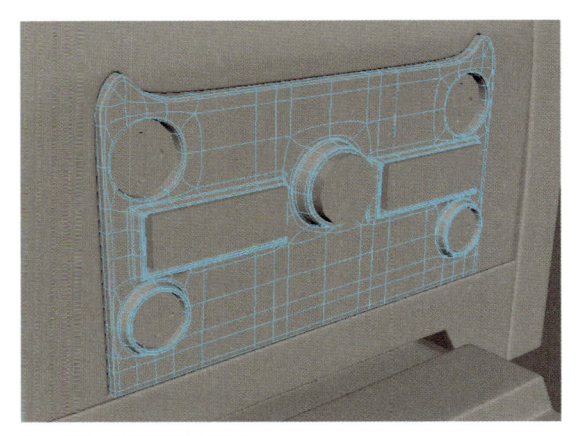

图5-91 瞄准镜背板高模

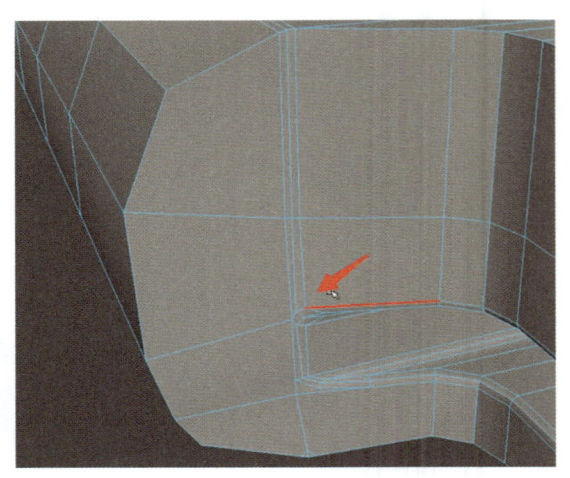

图5-93 拉栓结构手动布线

瞄准镜区域有较多的细小结构，将高模制作完毕后统一虚拟光滑，进行展示检查，检查时尽量旋转多个角度，查看各个角度的光影问题，细致地对比参考图样式以免出现较大的结构错误和造型失误（图5-92）。

理顺布线的时候会发现一些三角面，这些三角面需要利用布线进行适当转化，使其成为四边面。如果无法完全解决应当将三角面延顺至平面区域不要让其在曲面范围分布，这样会影响模型的结构，在光滑过之后会出现奇怪的错误。

另外，微调了拉栓和枪械主体连接的部分，让其更符合视觉美观效果。制作的道具模型主要用于游戏美术，属于商业美术表现，这是为了让玩家有更好的视觉体验，所以有时会手动优化美术效果（图5-94）。

图5-92 瞄准镜虚拟光滑检测

图5-94 玩家主要视觉区域

5. 拉栓（ 资源链接　视频：拉栓高模）

拉栓高模的制作整体比较简单，这里围绕拉栓的造型结构将拉栓的边缘进行选择倒角。在拉栓内部倒角的时候会产生一些重复的线段，需要使用多切割手动进行线段调整，保证线段是顺畅分布的（图5-93）。

6. 后握把（ 资源链接　视频：后握把高模）

将之前制作的中模虚拟光滑后测试效果，会发现它整体的造型在虚拟光滑过后已经较为接近高模（图5-95）。因为后握把虽然占视觉比例较大，但是它时常会被人手握持的地方整体不会太过尖锐，在这里只需要在一些关键部位进行卡线处理。对握把尖锐部分的造型进行倒角卡线处理（图5-96）。

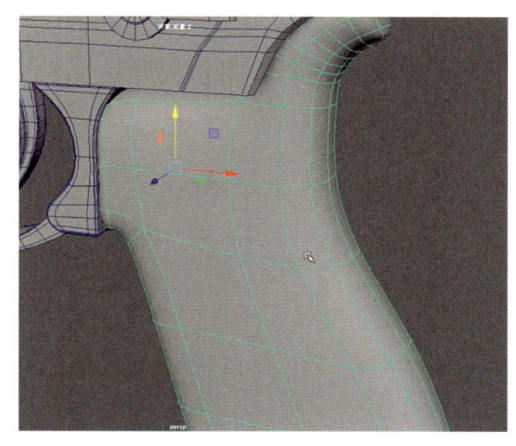

图5-95 后握把虚拟光滑效果

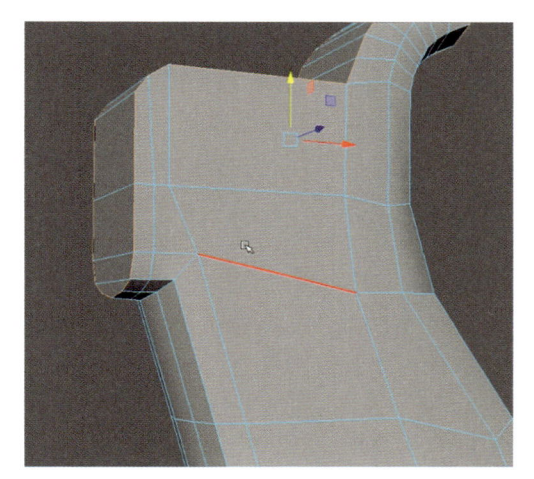

图5-96 添加适当结构线

在实际制作过程中发现之前中模制作部分的转折结构在虚拟光滑时明显能看到结构不够圆润，段数显得不够。故此，这里需要手动地增加一些段数，用来优化光滑之后的效果。

握把区域的底部也有一个凸起的结构需要处理，这个结构采用倒角命令处理（图5-97）。

图5-97 选中全部结构线

在处理完握把顶端和底部的造型之后，整个握把的高模已经大致处理完毕。如果对比参考图会发现，握把缺少凹凸细节，后续会在SP软件或者另外的阶段进行补充。

7. 枪托（资源链接　视频：枪托高模）

根据之前做的模型，拆分后可以看到目前枪托部分由三个主要零件组成，在此基础上将逐步地处理。

（1）**两侧条状的零件**。先将模型未被看到的一侧进行面的填充，方便后面的加线处理。填充面完成之后全选线段，这样可以快速选择多条需要的线段，然后进行减选。减选对象为中间结构的竖线，可以参考如图5-98所示的蓝色线条，即为减选的目标线段。

选中之后进行倒角处理，此时一定要和主体进行对比合理调试，让倒角光滑后的结构转折与主体物匹配。

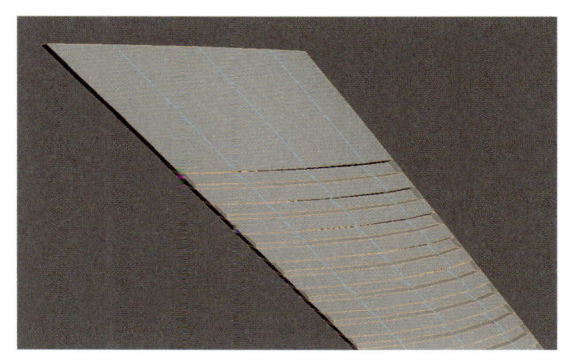

图5-98 选择需要倒角的线段

（2）**尾部**。该区域的造型处理起来并不复杂，但比较繁琐，因为该区域的结构有较多的孔洞造型，需要手动选择并处理这些孔洞的结构线（图5-99）。

图5-99 所有圆洞边缘线选中倒角

第五章　武器道具——步枪 | 103

此外，也有些快捷的选择方式。选中一圈循环边，然后右键弹出面板，选择类似对象，与该结构相似的地方便会被自动选取，这样便能快速地进行编辑操作（图5-100）。

图5-100 选择类似对象

最后在选择后面的一些点线时，可以将方的凸起结构切换到各个视图，然后使用套索工具进行快速选择，套索工具可以进行自定义选取范围，方便在复杂的造型中选择需要的目标点线。选择之后需要切换到透视图，检查是否存在多选或者少选的情况（图5-101）。

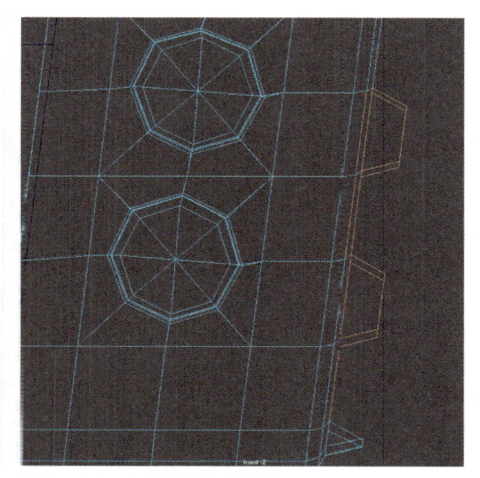

图5-101 凸起结构线段选择

（3）**枪托主体**。枪托模型上有显著的凹陷和孔洞结构，这些结构都能通过选择边缘轮廓线来进行倒角处理（图5-102）。

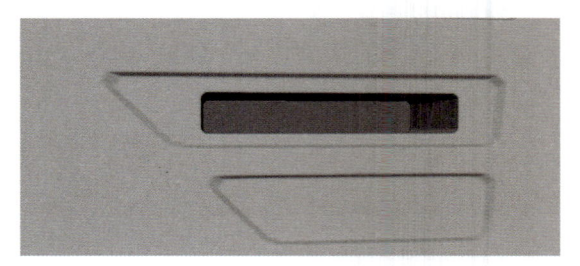

图5-102 枪托孔洞倒角加线

在通过倒角完成卡线后还需要检查模型的布线。另外，枪托的凹陷部分如有较为明显的折边结构，也需要选择对应的循环边进行倒角处理。这些折边连接的面都是多边面，无法有效地选中循环边。这个时候可以先进行布线微调再进行线段选择，可以直接一条一条线地加选，然后倒角卡线，之后进行手动处理布线。

由于这里凹陷的结构较多，倒角在线段交界处会产生较多的三角面，这里可以通过选中对应点吸附然后合并的方式来处理（图5-103）。模型在经过复杂的命令操作之后，会出现一些废点、废面和非共面等问题，可以切换至顶点面的模式进行查看。

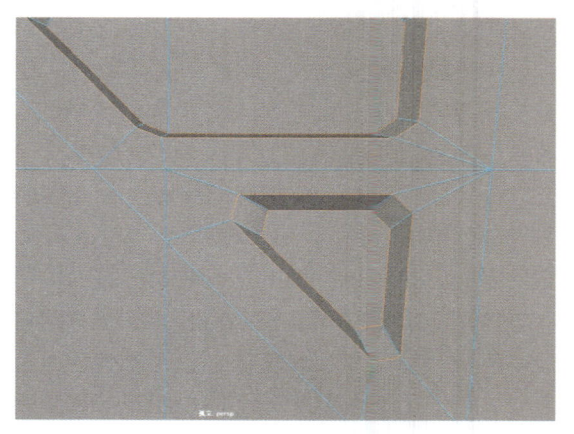

图5-103 处理三角面

在制作过程中，模型出现了一定数量的顶点问题，这些顶点问题有些是倒角后点与点之间的间距过近，有些是布线的错误问题。无论是哪一种问题，在合并相邻点的时候一定要保证合并的阈值正确。之前的操作都是选择所有点线，然后统一进行合并相邻点，这里可以将需要的顶点吸附在一起或者选择后直接执行合并顶点命令即可，但是此方法的缺点是无法批量操作，需要多次重复。

（三）低模

1. 枪口、前握把（ 🔗 资源链接　视频：枪口、前握把低模）

这一节开始进入低模的制作环节，和之前案例的思路一样，以最少的面数来实现模型效果。一些凹凸不平的结构都可以去除。在做低模之前需要做的第一件事情就是检查高模和低模的匹配程度。这个项目中，把高模的材质球改成红色，中模保持不变，在中模的基础上进行减面，得到最终需要的低模（图5-104）。

图5-104　高模与中模对比

（1）枪口。如图5-105所示，一些结构线是不能删除的。枪口部分仅仅能够删除竖向的线段，而横向的线段会影响枪口模型的孔洞结构，所以这部分的线段不能进行删除，这里的低模需优化竖向的布线。

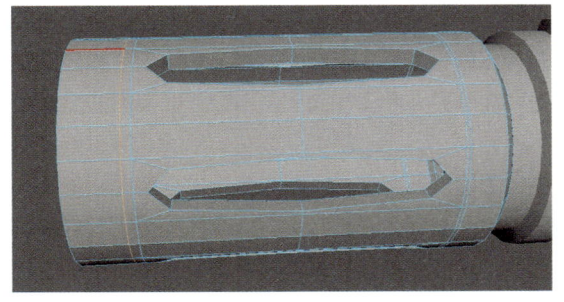

图5-105　枪口低模

（2）握把的低模。这个部分需要删除一些不影响结构的线段，例如，握把左右两侧的平行线。需要注意的是，握把顶部的平行线与内部的结构线是循环边，仅仅需要删除外部线段，再使用多切割让外部线段保持四边面即可。

握把的主体部分制作完毕之后，下面的齿轮状结构的造型过于复杂，可以新建一个段数足够的圆柱对其进行包裹匹配，让这个圆柱来代替结构。

需要注意的是，虽然该结构看起来近似圆柱，但其上下两端都有一些内缩的起伏造型，这里需要把追加的圆柱上下各自进行一次挤压，保证它的结构轮廓一致（图5-106）。

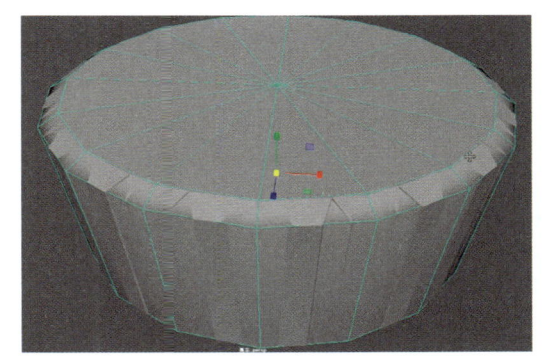

图5-106　新建圆柱体与高模匹配

在枪托前面也有一个类似的同心圆的圆柱造型，它存在着一些凹凸细节。这里同样可以用一个新的圆柱进行包裹处理，令其变成这个结构的低模（图5-107）。到这里枪口和前握把区域的低模制作完毕。

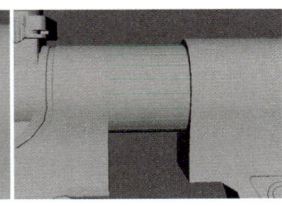

图5-107　低模改平滑处理

2. 导轨（ 🔗 资源链接　视频：导轨低模）

该项目面数较多的是导轨，此处可以看到该结构的面数达到惊人的3.5万左右。先选中一些不会影响结构的线段来删除，前后两侧平面的米字形线段可以用多切割修改为口字形，让它使用的三角面变少（图5-108）

在处理完导轨上下左右多余的结构线之后，通过观察导轨结构发现，在之前制作的导轨凹陷区域红线方向也使用了大量线段，而这些线段大多数是无用的多余消耗。这里可以采用选中的边进行收拢边命令来合并（图5-109）。

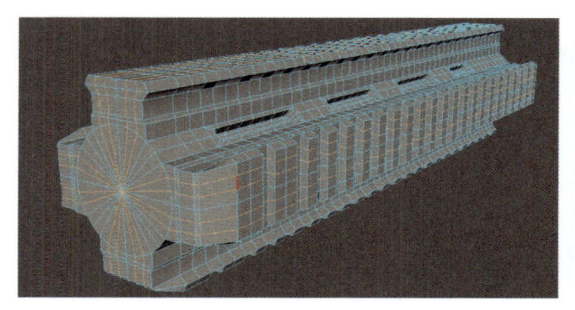

图5-108 去除无用循环线

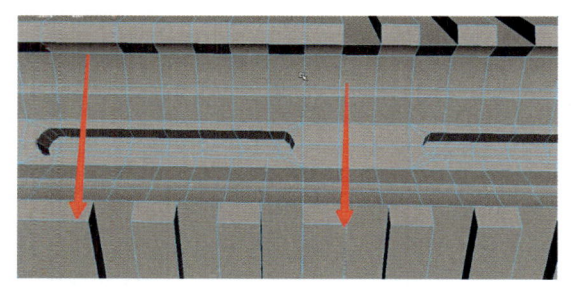

图5-109 合并边处理

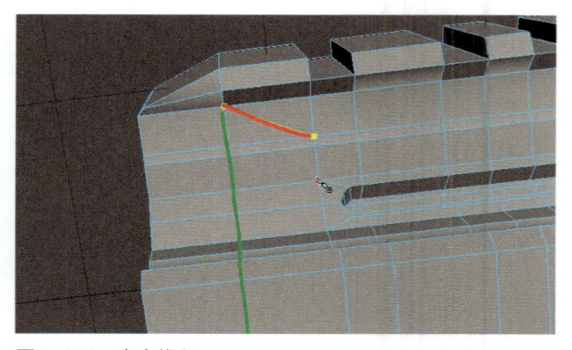

图5-111 多余线段

此外，在制作低模的时候尤其注意，不要为了省面就疯狂删除线段，需要有一个基本造型的观点。

在构筑轮廓上所用的线段越多，结构就越发接近高模，反之如果删除越多的结构线，效果就会越差。而且，该教材旨在讲述操作过程，让学习者能够制作更好的道具美术效果，所以在抽取线段时要学会适可而止，让造型适中即可（图5-112）。

导轨上支撑上下两侧的凹凸造型也使用了大量的面数，它们的线段顺延至导轨的凹凸之后如强行抽线会破坏结构。这里将这些线段进行收拢合并，可以让它们往一个顶点汇聚（图5-110）。

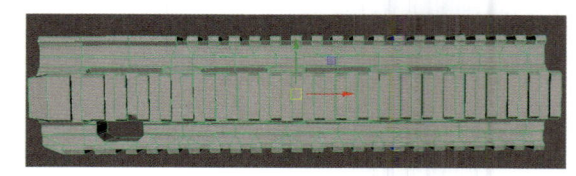

图5-112 导轨低模

3. 瞄准镜　 资源链接　视频：瞄准镜低模1，瞄准镜低模2）

瞄准镜低模整体零件较多，这里需要将其拆成若干部分来讲解。

这里需要留意，之前很多低模制作时会把高模的孔洞直接删除，在瞄准镜结构中是不可以的。因为瞄准镜的孔洞中其实放置了螺丝或者一些固定用的结构，它们的材质和外壳有所不同。所以这里需要保留这些孔洞，但相对应会增加一些使用的线段（图5-113）。

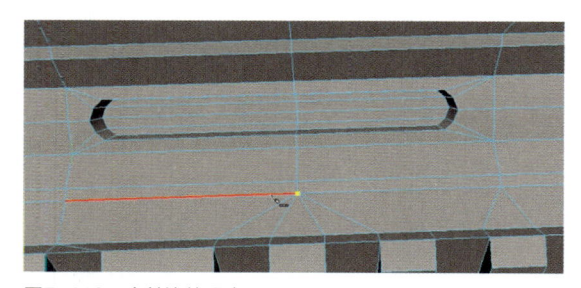

图5-110 合并边的顶点

由于目前制作的是低模，处理的目的是用最小的消耗来使模型的造型完整，并不需要进行光滑等命令，所以这里多点汇聚并不会影响模型，且该处其实是一个平面结构，它在正常光影下不会出现任何问题。

在合并了大量凹陷中的线段之后，导轨的其他区域依旧存在一些多余线段，如图5-111所示。绿色线段的部分虽然作为循环边在一些区域维持了造型，但是绿色部分属于完全多余的线段，为了减少面数，使用多切割工具，连接成红色线段的效果，之后再将绿色线段删除。

（1）瞄准镜的外壳。此处要保留外壳上的孔洞边缘线段，之前利用循环边添加的线段可以删除，后将孔洞边缘的造型顶点与其他边缘相衔接。在删除线段的时候要检查是否删除了多余的线段。另外瞄准镜的外壳左右结构类似，但并不完全相同，所以不能进行镜像复制。这里修改布线时要进行多角度、多方位地查看，有些线段可能只是局部参与了

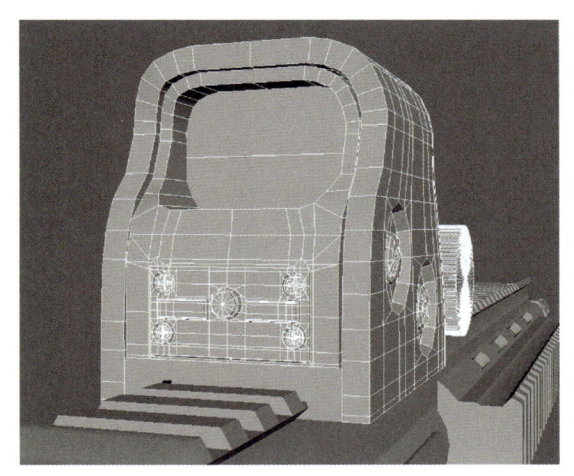

图5-113 瞄准镜低模

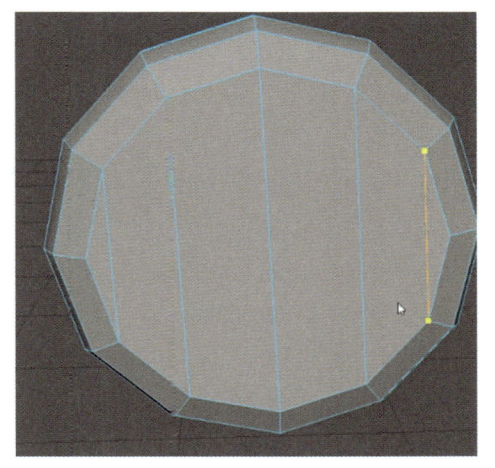

图5-114 去掉螺钉表面凹槽

轮廓造型，除了轮廓部分都可以将其减面处理。这里主要讲的是面的利用效率，此处要保证所有面尽量为四边面或三边面。

（2）外壳上的"一字"螺钉。从结构的角度去观察螺丝可以发现，它是一个低矮扁平的圆饼造型。低模不需要再制作螺钉凹陷的区域，因为后面烘焙的时候会将其凹凸细节信息烘焙出来。此外，这里在缝合顶面的时候可以将原本中心发散状的布线改成左右顶点相连的方式。这个操作可以在维持原有造型的基础上进行资源优化（图5-114）。

（3）瞄准镜左侧的齿轮调节器。对于这些齿轮状的结构，这里可以采用之前的方法，新建圆柱并对其进行包裹。需要注意的是，要合理地对新建圆柱的段数进行把控，最好可以单独显示齿轮进行，然后在如正视图、侧视图等方向进行覆盖，让高低模能完全包裹匹配（图5-115）。

（4）"十字"螺钉。除了以上零部件，瞄准镜其实还有一些其他内嵌的"十字"螺钉结构。这里直接选择原地复制，然后将其原本的凹陷结构删除，将表面填平即可。

（5）主体。该处的模型，之前在中模构筑形体的时候采用了大量的循环边。首先，删除那些横平

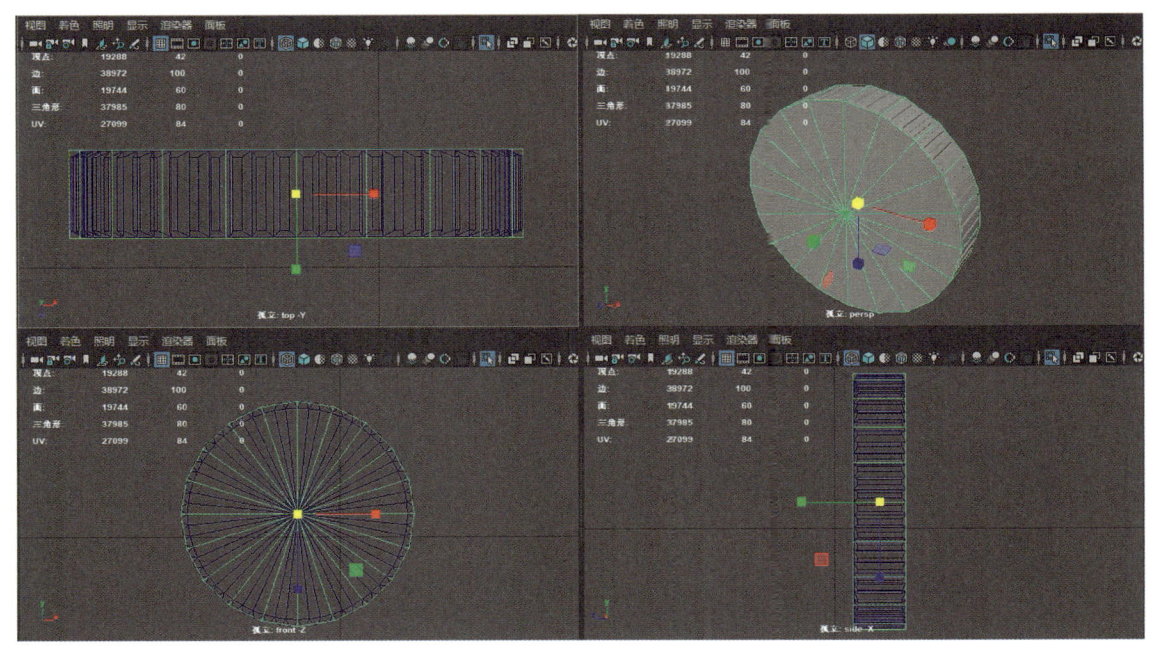

图5-115 新建合适圆柱代替低模

竖直的无用循环边。

如图5-116所示，对红圈标记的用来维持结构的线，要进行保留处理。

该区域的结构中，可以观察到若干数量的凹陷构成，此时需要删除不会影凹陷结构的线段，然后用多切割进行二次布线的修改（图5-118）。

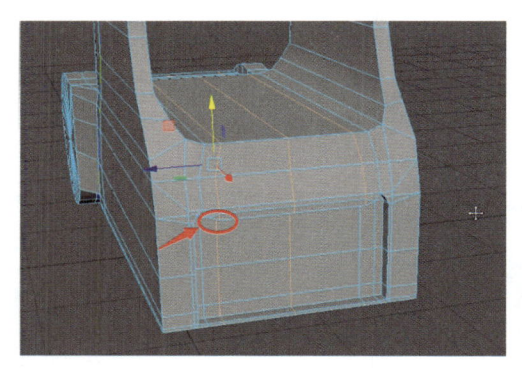

图5-116　保留线段

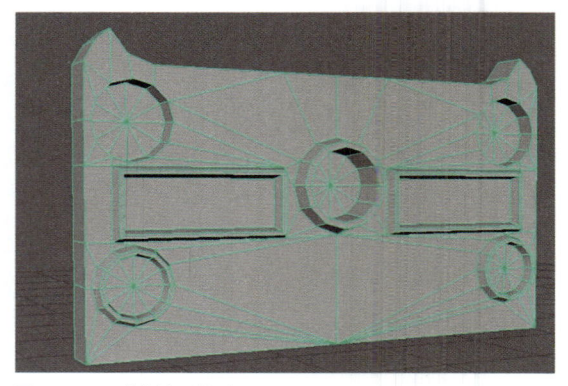

图5-118　瞄准镜后盖减面

其次，在选择循环边的时候要进行查看，因为循环边双击会导致整圈线被选中，选环线的某些部分刚好用于外轮廓，所以可能会存在错误删除的情况。

如图5-117所示，两侧布线较为复杂的地方可以先对整个面进行删除，然后进行填充，再根据其顶点分步进行多切割连接。

处理完后盖部分的凹陷，接下来处理瞄准镜与导轨衔接的区域。这里将主要进行线段的抽取，一方面该结构比较硬朗，另一方面该结构在瞄准镜外壳遮盖下有很多地方无法看到，代表着可以对其进行直接删面的处理。

根据本案例的经验，越是接近玩家视觉中心或者容易被观察的地方，越要优化处理，即提供更多的面数，更大的UV空间，更细致的贴图。

如图5-119所示，枪械在FPS游戏中，在开镜状态下瞄准镜会尤为突出，所以要向其倾斜更多资源。

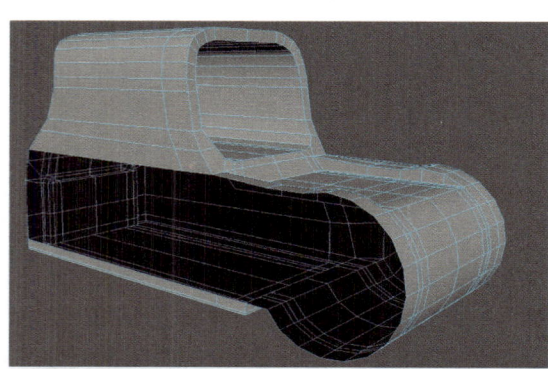

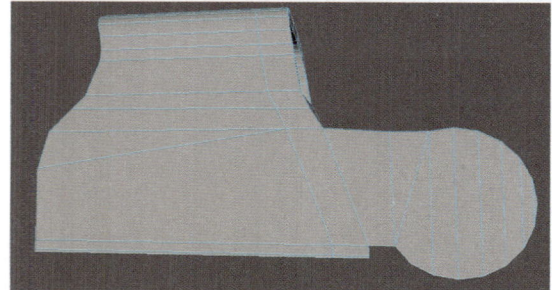

图5-117　删除复杂面重新填充并布线

（6）瞄准镜的底座以及后盖。后盖部分，先将看不到的面数全部进行删除。

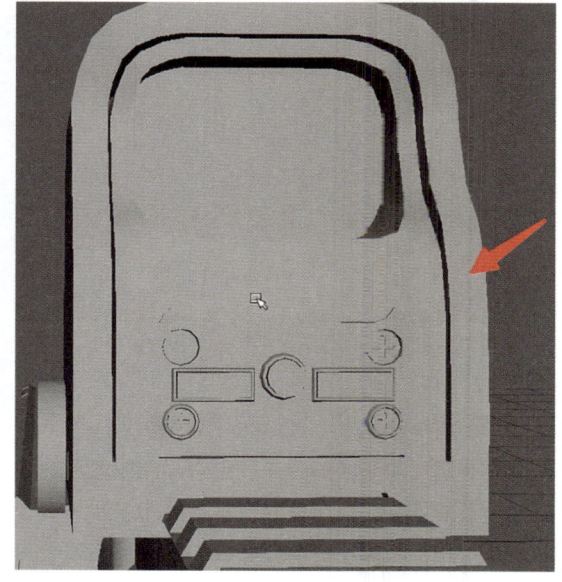

图5-119　保留更多细节

4. 弹夹和扳机（资源链接　视频：弹夹和扳机低模）

由于弹夹的造型相对简单，内部除去一些凹面便没有更多的细节。所以在低模部分将原本维持着凹凸的线段直接选取删除即可。注意弹夹尾端的凸起不能删除，若删除该结构，会造成高低模严重不匹配的现象。横向的线段为了保持弹夹的弧度趋势，这里予以保留（图5-120）。

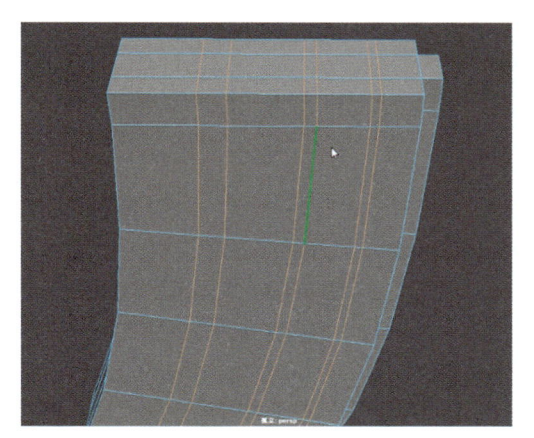

图5-120　横向线段保留

扳机前后两侧的结构，先删除无法看到的面，然后将中间无用的循环边进行删除即可。该处前后两个结构相似，所以在处理之后尽量切换到整体的透视图，观察是否有错误（图5-121）。

此外，要将高模显示出来，整体观察高低模的匹配程度，进行阶段性的效果检查。

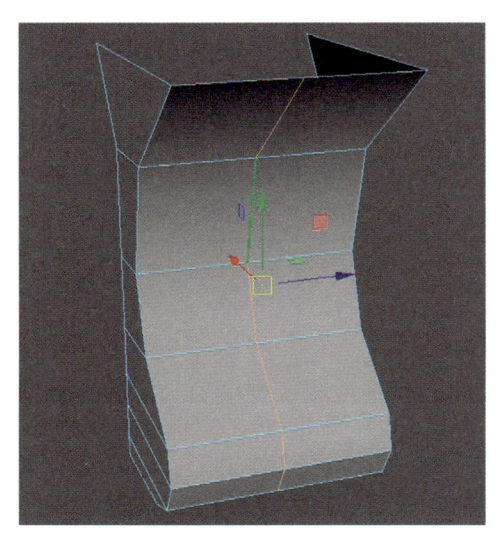

图5-121　删除无用线段

5. 枪身上半区域（资源链接　视频：枪身上半区域低模）

枪身区域和之前的导轨有些类似，有着大量的凸起，在面数消耗上也占比较大。这里的处理方式和导轨的制作方式大致相同，如图5-122所示，可以手动将造型结构用蓝色线段进行牵引，然后删除红色线段循环边。

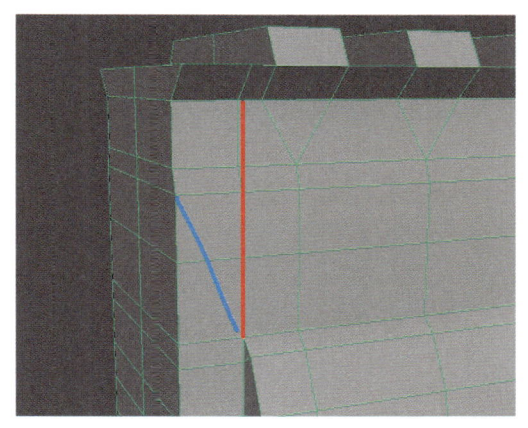

图5-122　布线指引

在枪身顶端部分也需要进行一些线段处理，要完全保证线段不会出现多边面。

接下来要解决与导轨几乎一致的问题，顶端大量的凸起结构是依靠一定数量的循环边来支撑的。这里需要手动地合并这些循环边。

如图5-123所示，之前中模的两千多个三角面，在经过删除和合并点线处理之后，目前已经变成了仅有一千多条线段，可以说极大地优化了资源。

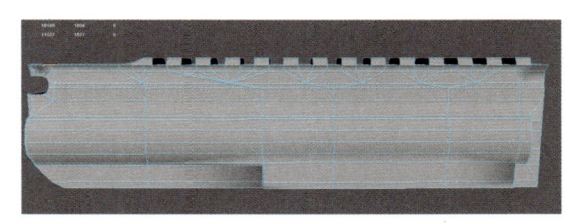

图5-123　枪身低模

6. 后枪托（资源链接　视频：后枪托1、后枪托低模2）

枪托部分由较多结构拼合而成，这里主要将分散的区域进行线段的控制，然后将凹陷移除，最后再修正布线。

如图5-124所示，枪托部分有大量的凹陷，图中红色区域的凹陷可以移除，但是绿色区域的凹陷不能移除。因为在宏观视角下，该处位置内嵌螺钉，与整体枪托材质不同，贸然删除会出现错误。

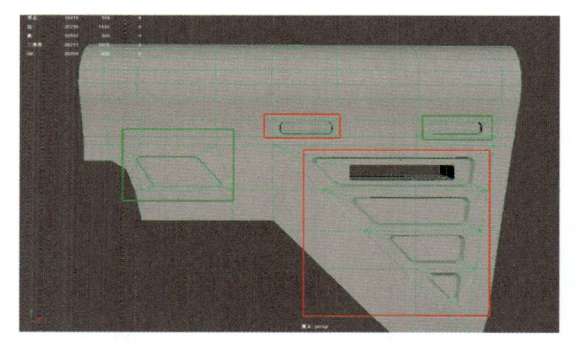

图5-124 根据材质要求确定是否保留凹槽

在移除凹凸之后会残留一些错误的布线，需要进行重新布线处理，将残留的顶点引导至现有的轮廓线上。

在制作的时候不要照本宣科，一成不变，可根据当前制作的结构进行适当线段删减，然后布线修整。低模的制作没有绝对的规范，只要满足轮廓结构且不出现多边面即可。

之前基于圆柱制作的结构时常会保留有米字形的布线格局，可以将其删除，进行左右顶点的链接。一方面进行循环边的制作，另一方面节省了布线消耗（图5-125）。

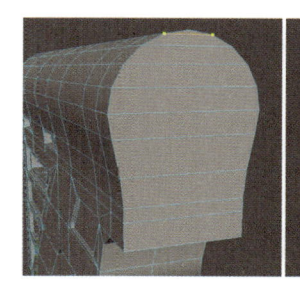

图5-125 修改成左右布线

接下来将目光转向枪托左侧的条状凹凸结构，它的造型整体倾斜。这里低模处理方式就是直接将其凹陷的部分删除，然后会得到一个至上而下、充满着横向循环边的结构。此刻，除了保持形体部分的循环边外，将其他线选中删除，可以直接获得一个造型干净利落的低模（图5-126）。

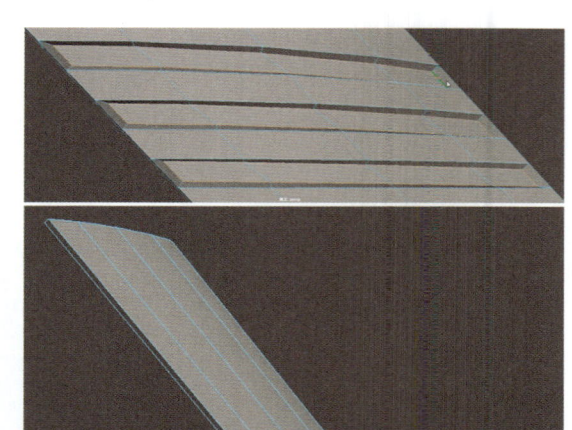

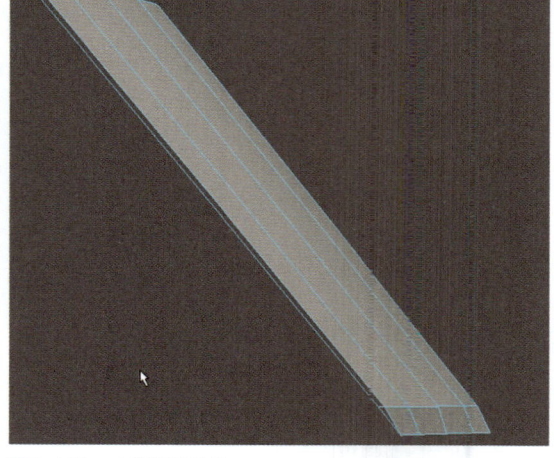

图5-126 去掉凹槽结构

接下来处理枪托最尾端的缓冲零件。该结构因为之前按照参考图，构筑了大量的圆形孔洞，这些内凹的结构其实都可以在后面的法线上烘焙完成，以达到同样的效果，所以这里选择直接删除这些孔洞并封补面（图5-127）。

因为数量和结构特殊，选取较为复杂，这里可以不采用选取线段的方式来处理。选择面，然后进行删除，随后进行填充，可以快速地进行处理。

图5-127 去掉两侧内凹孔洞结构

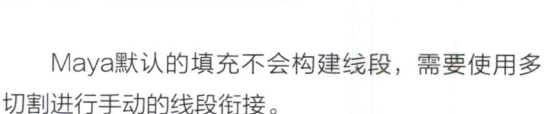

Maya默认的填充不会构建线段，需要使用多切割进行手动的线段衔接。

另外，枪托最尾端有间隔性的凸起，对于这些结构，希望低模能够包裹住高模，将凹陷部分的面进行移除。此时会发现因为凹陷的部分较多，也要填充较多次，所以直接将除了首尾部分的模型进行删除，然后填充。这会直接得到一个未曾布线的面。此时，使用多切割手动连接上下两端的顶点即可（图5-128）。

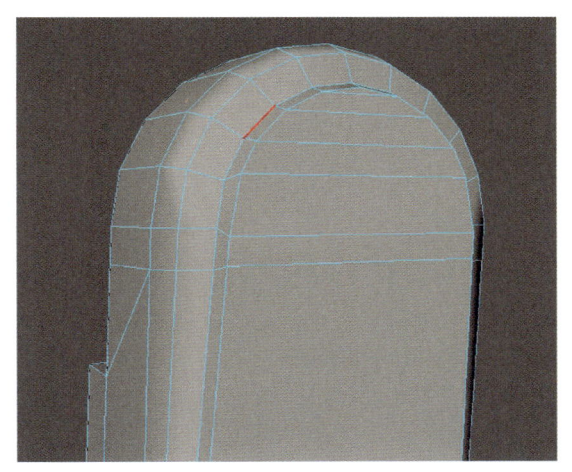

图5-128 删除凹凸结构重新布线

制作完毕之后，需要检查高低模的匹配情况，如果存在偏差，可以手动地调整点线面来处理，保证低模始终有效正确地包裹高模。

确保正确的匹配之后，接下来再处理多余的布线，然后优化米字形布线等，并清理之前因为错误挤压导致的错误点线（图5-129）。

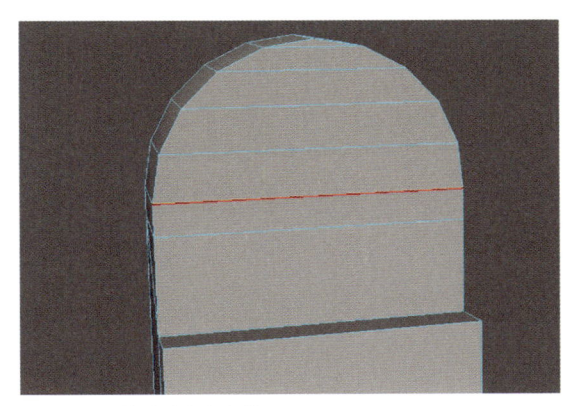

图5-129 修改成左右布线

把所有的错误排查之后，将该处的低模进行全局查看，避免出现错误的比例和匹配情况。

7. 小零件（资源链接 视频：小零件低模）

这时整体较大的模型低模处理完毕。这一环节需要集中处理枪械中那些分散各处的细小零件（图5-130）。处理这类结构的原则或者说处理整个低模的方法如下：

删除无法观察到的面；

移除没有其他零部件的凹陷结构，利用之后的高模烘焙表现；

凸起结构一般使用包裹的方式进行处理；

删除不影响结构转折的边线；

优化处理过的布线，不出现多边面；

高低模匹配正确。

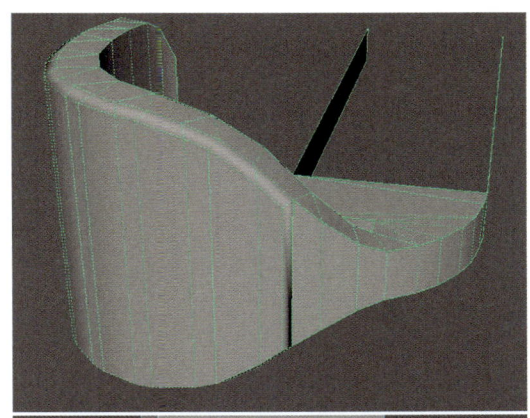

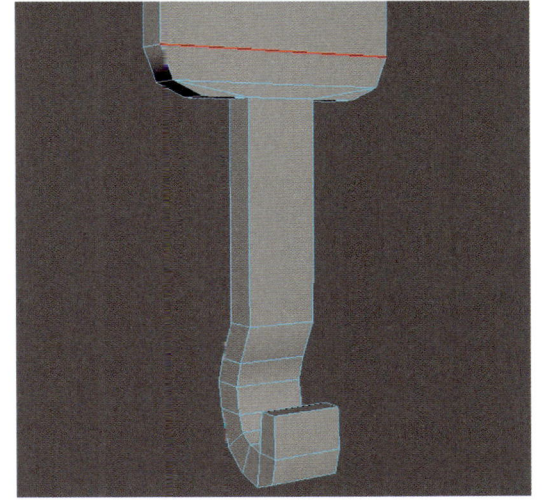

图5-130 细小零件减面

二、UV

（一）软件基本介绍和基本操作

本节涉及的软件为RizomUV，这是一款目前在UV编辑中的常用软件，具有强大的UV处理功能。这一节中将结合枪械案例进行软件的讲解，重点是讲解如何用它解决当前模型的问题，不会涉及过于深入或者软件中不常用的功能。

该软件的基础操作与Maya等三维软件操作基本相仿。以下列举该软件的基本操作命令。

1. 选择

选择：点、线、面：F1~F3

选择整块UV：F4

加选：Ctrl+左键

减选：Ctrl+Shift+左键

选泽工具：Q

编辑工具：F5（Tab键可以临时打开，显示变换模式操纵框）

2. UV操作

切割UV：C

缝合UV：W

松弛、展开UV：U

优化UV：O（基于松弛、展开UV后才能用）

缩放UV：空格或者D键+左键（D键只能对整块UV操作）

移动UV：空格或者D键+中键

旋转UV：空格或者D键+右键

快速摆UV：P（把UV放到UV框里）

3. 显示

最大化显示选择对象：F

显示全部对象：A

隐藏未选择对象：I（基于F4选择模式下有用，再次使用可以全部显示）

隐藏选择对象：H

显示所有：Y

线段显示效果：

蓝线是选择的线；黄线是被切割的；UV线白线是选择时预览的线（图5-131）。

拉伸显示：红色是拉伸严重的UV，蓝色有拉伸的UV，灰色是正常UV（图5-132）。

图5-131 不同颜色线的作用　　图5-132 不同颜色的拉伸显示

（二）UV拆解与排布

这把步枪的主要材质分为金属和塑料，在Maya中提前做好两个组，一个为金属材质为主，另一个为塑料材质为主。枪械低模UV拆解按照金属和塑料两种材质进行分别说明，其中该模型金属部分较多且多为主体，将先进行单独详细讲解，之后再讲解塑料部分的模型UV拆解。

1. 金属枪管（资源链接　视频：金属枪管UV拆分）

打开Rizom软件，点击软件顶部的"文件"选择"加载"，即可将模型加载到场景中（图5-133）。

图5-133 加载模型

先处理枪支前面的金属管，导入后默认显示整个金属枪支整体状态。优先处理枪管前面的金属部分，点击该区域，按住快捷键"I"将除该区域外的其他模型隐藏，仅显示已经选中的枪管部分（图5-134）。

使用快捷按键E，可以先关闭UV视图仅显示3D视图。接下来的目标是在3D视图中对模型进行切割边的标记。该金属管是一个圆柱结构，在UV处理的时候主要以圆柱的轮廓边作为切割。

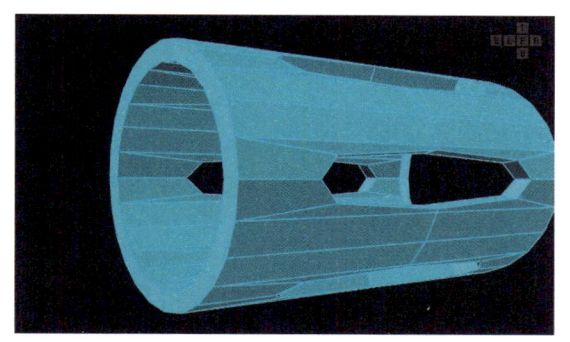

图5-134 单独显示

选择边的操作为,"Ctrl+鼠标左键"对线段进行加选,然后按"C"进行切割。另外,在选择的时候可以按"F1~F3"进行点、线、面的选取转换。金属枪管上的各种孔洞直接按照其结构线进行切割即可。如图5-135所示,黄色亮边部分为切割边,选取完毕。

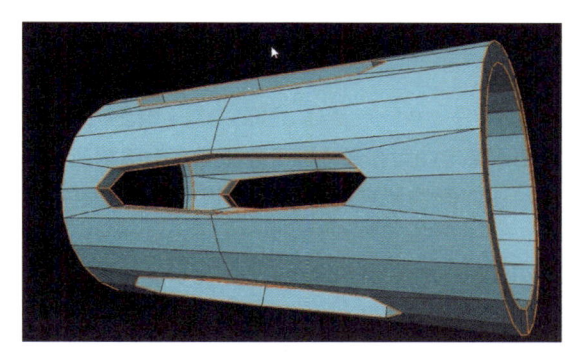

图5-135 拆分线段

在3D视图中将模型的裁切边(切割边)设置完成后,点击E将软件的UV面板调出,在"拆解"面板点击"展开"(也可直接使用快捷按键U),就可以看到选中的模型。在UV视图中根据前期设置的切割边进行展开,之后同样点击"拆解"面板下的"优化"(快捷按键O,要选取已经展开的UV后才能使用),对展开的UV进行优化处理(图5-136)。

图5-136 展开UV并优化

由于模型的UV是根据模型造型展现的,而金属管的造型和UV都处理得较好,所以这里的优化使造型变化不大,但依旧建议在UV展开之后进行优化。

UV展开后方向倾斜,可以使用快捷键"Tab",打开临时操作开,点击顶端的小圆球对UV进行整体旋转。旋转完毕之后将其放置在第一象限,再进行暂时的安置(图5-137)。

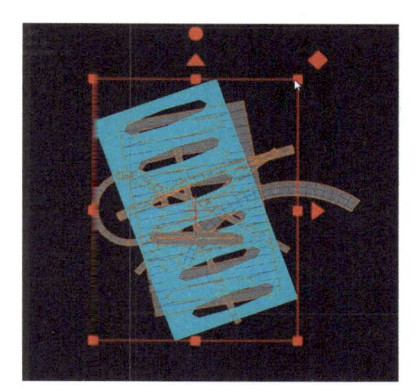

图5-137 将倾斜的UV旋转成规则形状

除了这些较大的UV外,还有一些细长的UV,如果遇到发生了一定的扭曲情况,可以用右侧的对齐面板中的打直功能进行打直处理,UV会直接根据当前造型进行打直(图5-138)。

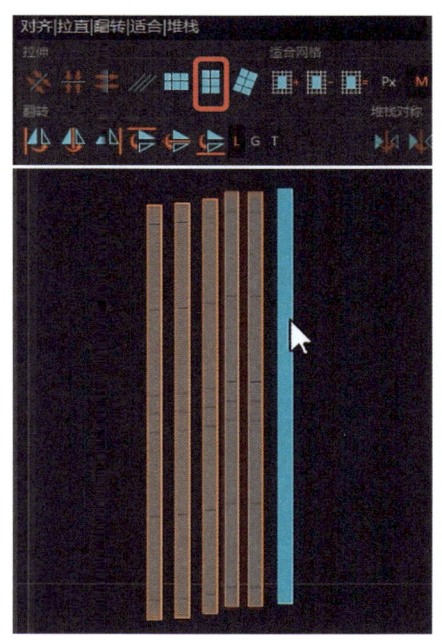

图5-138 UV打直处理

第五章 武器道具——步枪 | 113

选择枪管的圆柱轮廓边进行裁切，枪械在游戏中一般能看到枪管的上部分，下部分不容易观察，所以将枪管UV切线设置在底部区域（图5-139）。

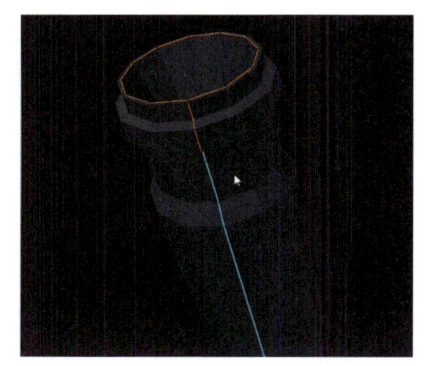

图5-139　枪管切线选择

设置完UV切线之后，再使用快捷键"U"将模型的UV进行展开，然后按快捷键"Ɔ"进行优化。将UV合理展开后将其打直或者放正，选中对应所有的UV安置在第一象限外，静待后面的整体布局修改（图5-140）。

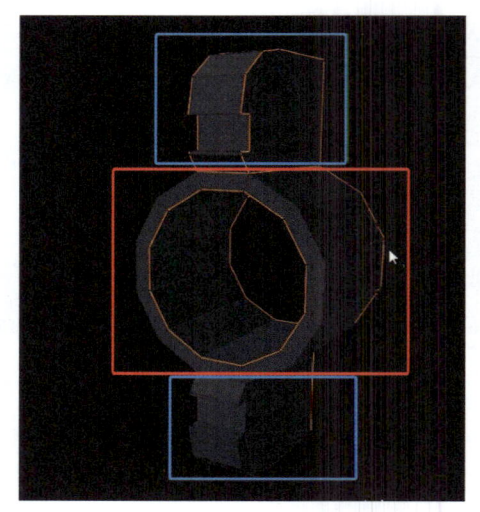

图5-141　复杂结构需要拆分组件后再处理UV

处理UV是一个模型优化和检测的阶段。如图5-142所示，红色箭头所指的两个结构完全一致，可以删除其中一个，处理完UV后再进行复制。图中圆环结构处，一般会把UV切线布置在内侧，以及嵌入主体部分的区域，这两处都是玩家不容易观察到的地方。设置完切线，展开后再进行优化。

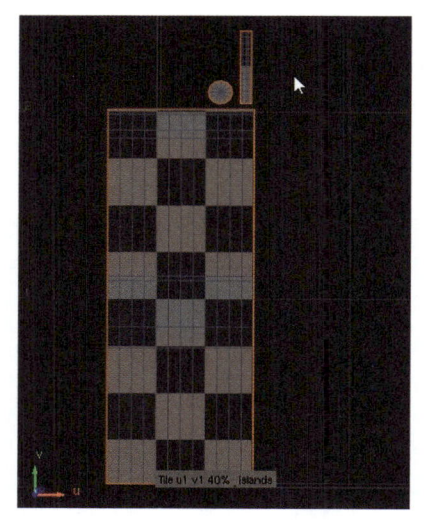

图5-140　枪管UV拆分

UV切线是不可能避免的，只能将切线放置在不容易观察的地方，UV切线的存在在游戏中会让玩家看到游戏纹理明显的割裂感。有的模型不一定要按照边缘完全肢解，在UV拆分的时候也可以使用体块思维。如图5-141中将一个结构看作三个结构的结合，那在UV拆分时，可以按照三个结构的边缘进行拆解。

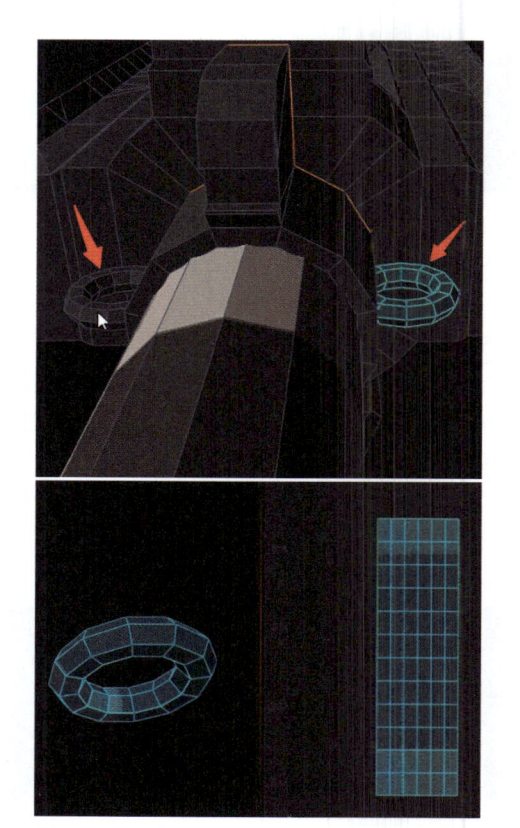

图5-142　重复零件可UV共用

2. 导轨（ 资源链接 视频：金属UV拆分2导轨）

导轨UV拆解较为麻烦，可以先将导轨的附属零件进行UV拆解。

如图5-143结构，比零件造型平直简单，因为本身的模型就是矩形结构，它的UV展开后也是方正的，再按"Tab"键启用临时变换，将它旋转至正常角度，使其不再倾斜即可。

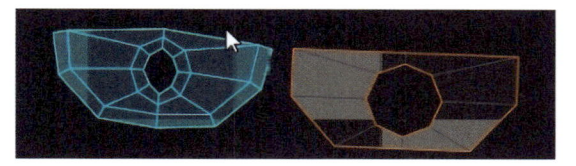

图5-143 导轨下方小结构

导轨拆分UV的思路就是将最上方带有凸起的部分作为UV整体，下方"V"字形结构为一个UV，两个顶头和内部的凹洞等各自为一个部分来进行拆分。导轨大体上沿着它的结构边缘来裁切UV，凸起部分的结构直接沿着底部线来选择切分（图5-144）。

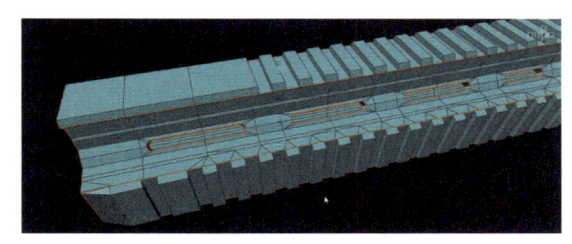

图5-144 沿着结构边缘去裁切UV

在RizomUV中，双击可以快速选择它的循环线段，但是有时也会有错误的指向，按"Ctrl+Shift+左键"将多余选取的部分进行减选。导轨区域也存在着一些凹陷区域和直接穿透的结构，沿着孔洞的边缘去拆解，将孔洞内部的面全部展平（图5-145）。

图5-145 下侧孔洞沿边缘裁切UV

整体的裁切线设置完毕后，在UV视图进行展开，可以获得一堆零碎的UV块，如图5-146所示，它们错误地排列倾斜堆积在一起。

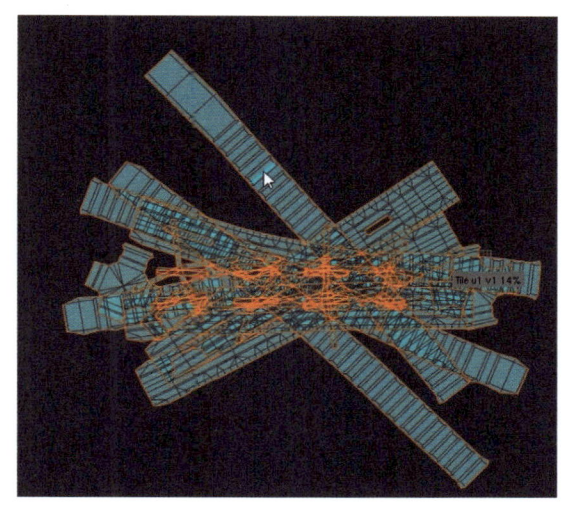

图5-146 错误堆叠在一起

此处UV太过密集，需要对其逐一进行处理。先将大体块的UV进行尽可能地拉直，在制作的时候可以依循从大到小、从易到难的思路来制作。

对于体积较大的UV，先用临时变换工具（Tab）进行倾斜角度的矫正，然后统一归置（图5-147）。剩余的UV扭曲在一起，为处理这些问题，需要手动选择折现较小的UV块进行打直操作（图5-148）。

图5-147 选择较大UV矫正角度

图5-148 打直UV

如果这些UV无法打直，意味着它们出现了一些问题。选取模式切换成边，然后选择未能打直的UV边进行约束，再执行展开命令（图5-149）。

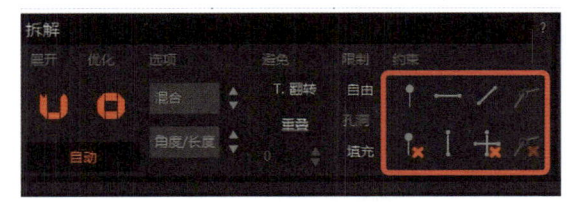

图5-149 将选取模式切换成边

图5-150是使用约束前后的对比，图中显示在约束后已经做了打直。

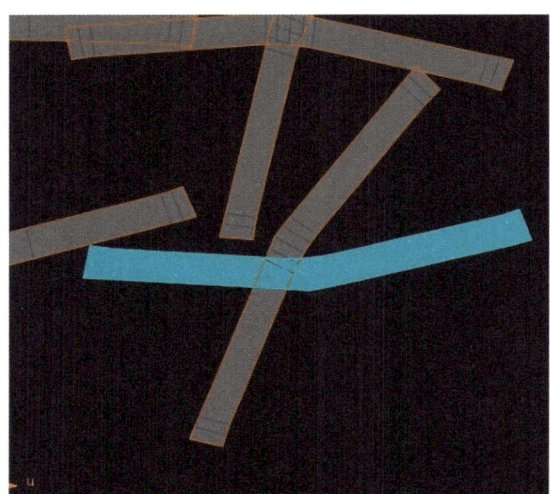

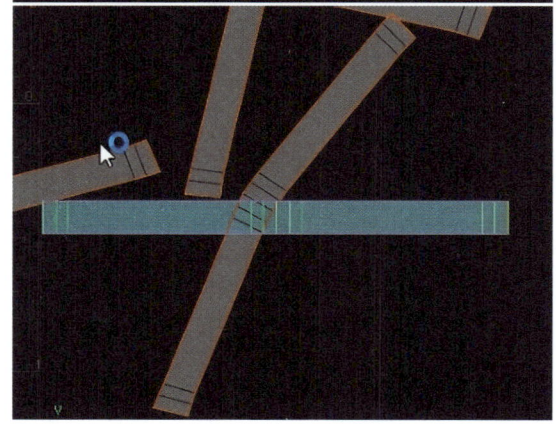

图5-150 约束之后进行了打直

剩下的结构同样进行UV的处理，将其都进行打直。如果部分UV存在UV点的拉伸，可以按F1切换到顶点，然后进行UV点处理（图5-151）。

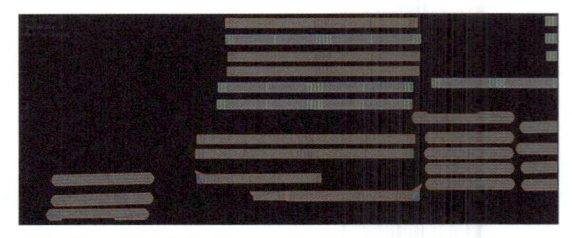

图5-151 拉直剩余UV

3. 瞄准镜（🔗资源链接　视频：金属UV拆分3瞄准镜）

瞄准镜的结构在制作上难度很大，它是玩家视觉焦点的集中地，在UV拆分阶段需要认真思考切线的位置（图5-152）。

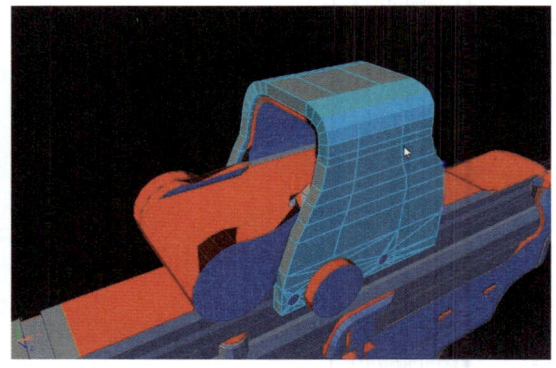

图5-152 寻找合理拆分UV线

制作瞄准镜的结构可以使用快捷方法。使用整体边缘选择的方式来进行操作，如图5-153所示。先进入线段选择的模式，然后选择整体边缘学则，后执行自动选择，之后系统会自动选择边缘结构的线段，接下来手动调整拉升限制器的参数来调整系统自动选择的范围。

系统的自动选择存在一定的误差，要不断地使用加选（Ctrl+左键）或者减选（Ctrl+Shift+左键）来调整切线选择（图5-154）。

裁切边设定完毕，按快捷键"U"进行展开，然后按"O"键进行优化。可以看到UV不同于之前的一些结构，它的造型不像枪管或者导轨灯那种横平竖直的结构。瞄准镜本身就是异形，这里不能强行地进行打直，否则会让UV发生扭曲，在后面进行纹理绘制时极难操作。边侧存在一些矩形的UV结构，照常执行UV打直命令即可。

相同一个物体UV之间的精度要保证统一，这里的精度如果不好理解，可以打开默认的棋盘格显

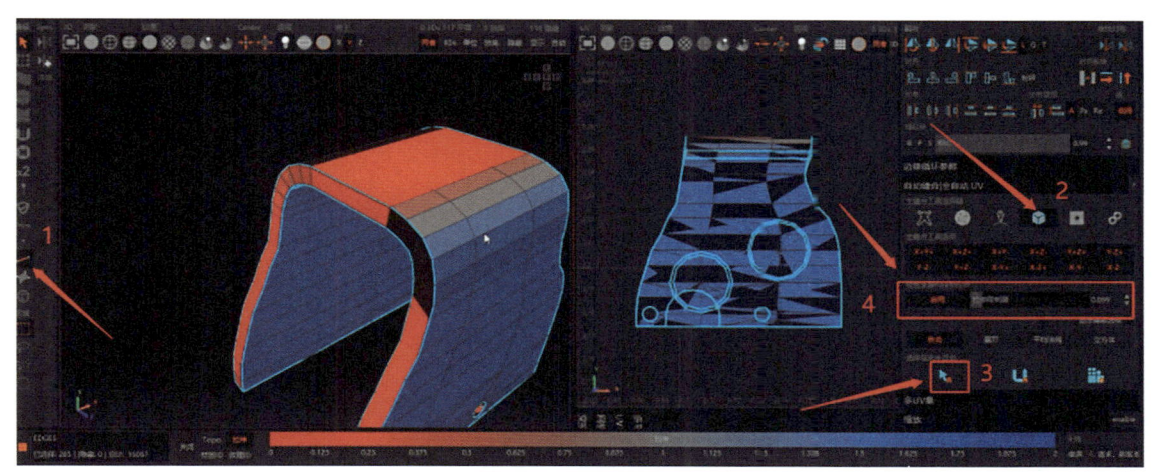

图5-153 使用整体边缘选择

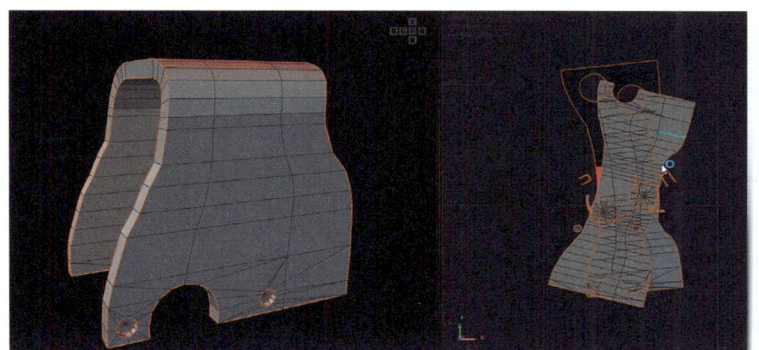

图5-154 手动调整切线选择

图5-155 打开棋盘格显示

示，只要模型上各UV块的棋盘格密度一致及代表对应的精度一致即可（图5-155）。

此前在制作瞄准镜中模时制作了若干个结构，这里继续制作瞄准镜内部模型的UV。可以采用上文中快速选择UV的同一方式，为快速选择结构的边缘轮廓线来作为UV切线。选择模型外边缘的区域，内部直角平面处视为一个面，在边缘线上按"C"键添加裁切边（图5-156）。

设置完毕后，在3D视图环绕检查是否有漏选的线段，确认无误后开始进行UV展开和优化。

根据之前的制作流程展开后，将UV进行无拉伸的打直操作，然后统一精度。

将该区域处理完毕后，瞄准镜UV处理也将完成，接下来进行枪身UV的处理。

4. 枪身（资源链接　视频：金属UV拆分4枪身）

首先选择枪身顶端的轮廓线，保证那些凸起造型在一个UV块中，这样它们不会太过零碎，也方便了枪身左右两侧体块的处理（图5-157）。

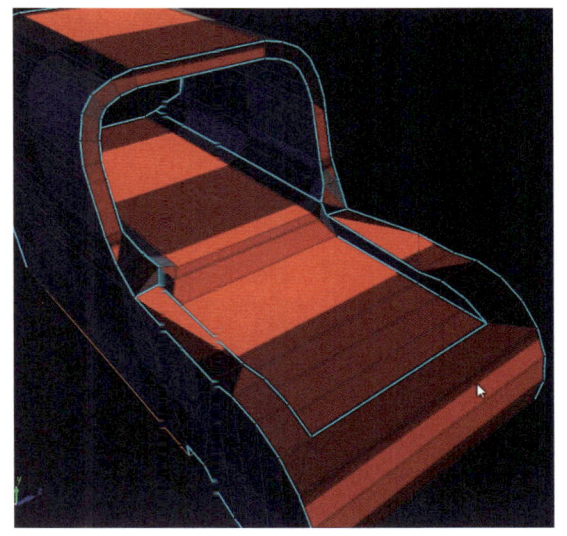

图5-156 按边象裁切UV切线

进行拓展：一般来说，如果UV拆得越碎，其UV块越多。为了保证每个UV壳的边界有合理间隔，需要消耗掉大量的UV空间。

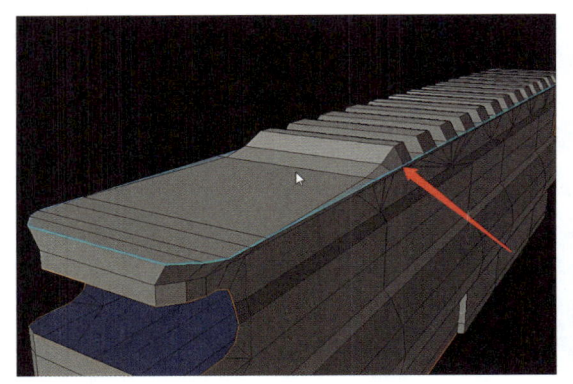

图5-157 将凸起包含在上部UV内

枪身区域的UV有较为明显的拉伸，UV的造型也不够准确，接下来可在制作中以约束方式来处理，F2切换到线模式，然后选中线段，再点击"O"键进行优化，UV会进行重新计算，这样会有较好的展开效果（图5-158）。

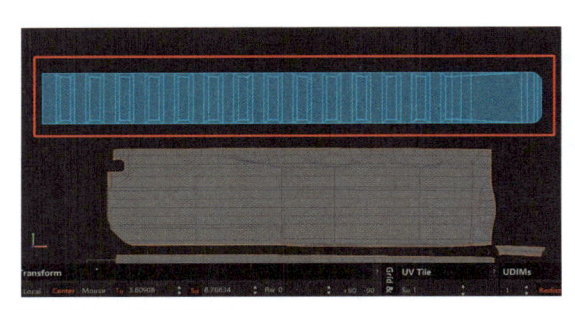

图5-158 展开顶部UV

其他倾斜或者造型不符合标准的内容，可以按照上述的方法进行制作。将UV平直处理后需要保证精度统一，然后将该区域的UV放置在一起，方便后续选取。

处理完该区域后，选择枪身另一个部位进行UV拆解。如图5-159所示的结构。

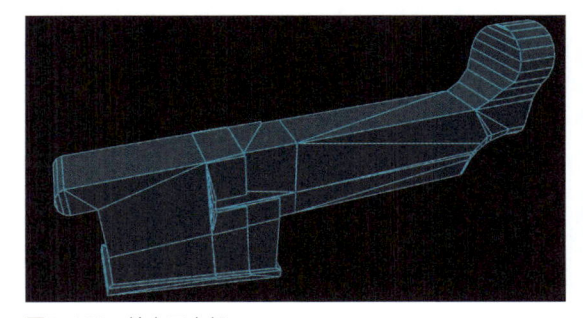

图5-159 枪身下半部

该结构的处理方式为，使用边缘选择的快速方式，选择轮廓结构线。目标是将外部的平面直接拆解成一个整体的大块，这样避免过于零碎。但底部区域因为造型差异过大，需要单独进行拆分（图5-160）。

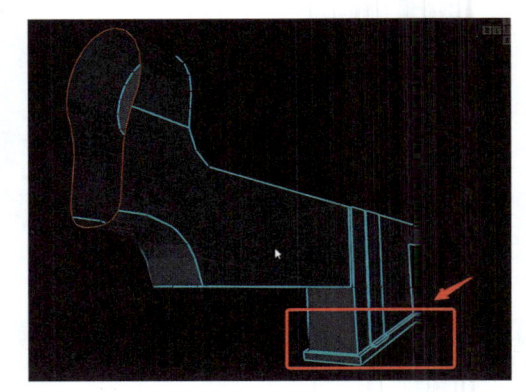

图5-160 底部单独拆分

如果出现了UV过大的问题，选择UV进行适当缩放即可。如图5-161所示。操作中产生的一些零散且反复堆叠的UV块，使用Tab临时变换进行方向矫正，依旧遵循先大后小的原则，有条理地依次处理。小型的矩形UV块，选中后使用右侧的打直功能进行处理。

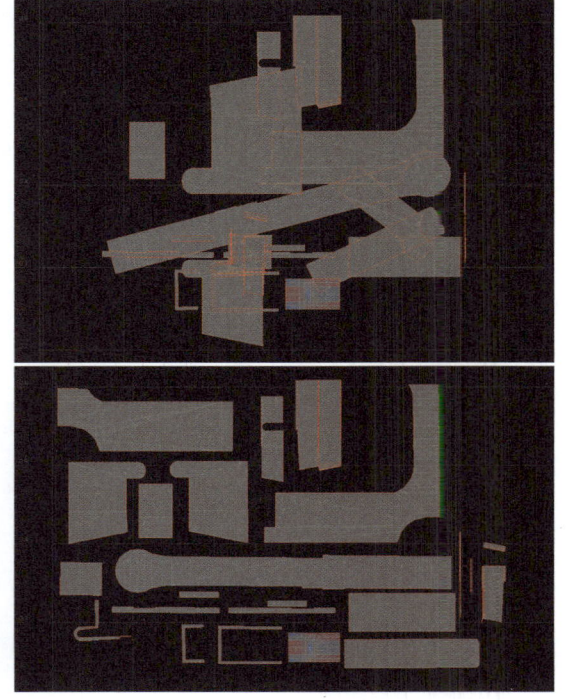

图5-161 排列UV后缩放至合理大小

5. 检查和细化拆分（🔗 资源链接　视频：金属UV的检查和细化拆分）

接下来，对金属零件的UV进行细致地检查和细化拆分。这里主要针对拆分好的结构及整体的排布进行修复处理，另外再将一些细碎的小结构进行拆分处理。

如图5-162所示，该处枪管结构的UV完整平铺无扭曲即可，可以以此作为参考。

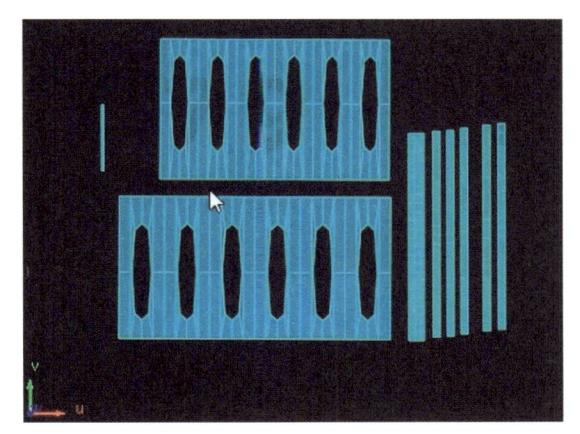

图5-162　检查UV完整平铺无扭曲

检查的时候会发现之前导轨部分的UV存在错误效果，UV有明显的倾斜错误，不利于后期的摆放，UV轮廓结构几乎扭曲，对此需要进行修复处理（图5-163）。

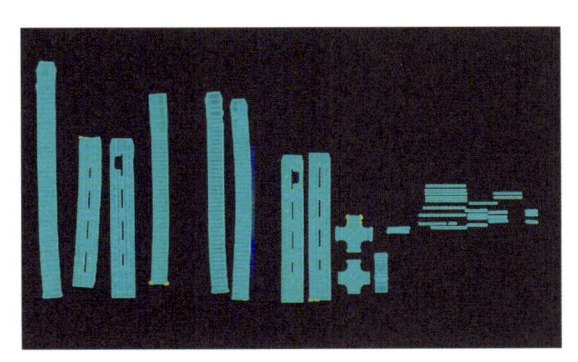

图5-163　UV扭曲

切换到线段模式，然后选择轮廓边，点击约束，此后再不断地点击优化，明显可看到模型UV产生了变化。

如果UV结构中间存在明显的布线，可以选中对应的线段，再点击约束（需要注意的是，约束也有方向性，竖线的约束是控制竖向的线段，横向的约束是控制横向的线段），之后再进行优化，这样相较目标性的线段选择省力很多（图5-164）。

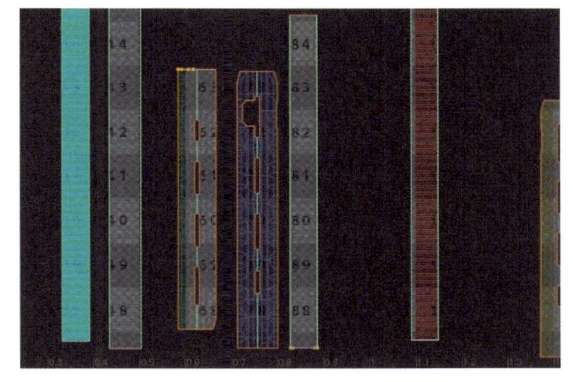

图5-164　修复扭曲UV

在检查UV的时候还可以进行灵活变化，玩家对视觉中心或者更容易看到区域的模型UV可以给予更多的精度，即给予更大的UV面积和像素，而对于那些看不到的地方或者不容易被观测的区域，可以给予更低的UV精度，将UV面积缩小。

如图5-165是瞄准镜UV高亮部分的UV，其实它与右侧的UV精度大小相差无几，但该区域的模型在游戏处于瞄准镜的内侧不容易被看到，故这里有意缩小，让UV精度变低，从而为其他的UV提供更多的UV空间。

图5-165　放大玩家注意视角的UV面

6. 金属UV排布（🔗 资源链接　视频：金属UV的大小排列整理）

在排布之前，要确保UV的基本事项，一个是UV朝向，另一个则是UV精度。

在纹理绘制时，UV朝向会影响2D视图绘制的

第五章　武器道具——步枪 | 119

便利性（通过在RizomUV中的数字方向来确定，如果数字朝向一致，没有颠倒，即朝向相同），UV精度不统一会造成模型贴图细节程度不一致（如上一节中有意进行差别化处理时例外）。

在处理好UV朝向和精度统一之后，使用RizomUV中的自动排布功能进行快速排布。使用位置如图5-166所示。

图5-166 自动排布UV

虽然系统快速排布了UV，但仍然存在一些问题，如图5-167中可以看到，自动排布的UV之间间距略大，而且之前90°垂直的UV会出现错误倾斜。

图5-167 自动排布的UV出现部分错误

UV间距问题，暂时可以不用理会，UV倾斜问题依旧使用TAB临时变换将UV摆正。将问题处理完毕之后，将模型作为低模重新导入Maya，再进行二次处理。

导入Maya之后，检查UV，确保无误，然后对可复用的结构进行复制。如果两个模型造型结构一致，且对它的纹理效果没有特殊要求，共同使用一个材质效果，可以将两个模型的UV重叠，共用一个UV。

删除同类结构，然后进行复制，由它复制的模型UV和原模型在同一位置，所以一般相同结构会采用共用的方法（图5-168）。

可以先制作一个结构，拆解排布好UV之后，进行复制，然后将重叠部分的U向右移动一个象限的距离，避免影响后期烘焙（图5-169）。

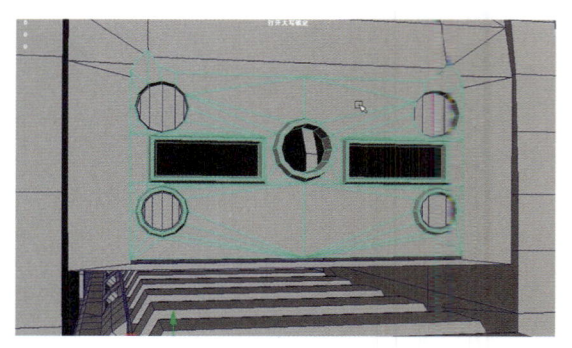

图5-168 共用UV

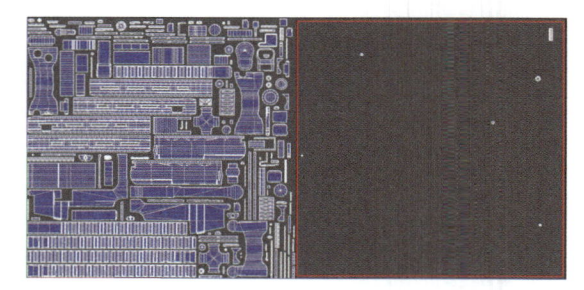

图5-169 共用的UV需要移开第一象限

7. 塑料UV拆分（资源链接 视频：塑料部件UV拆分）

塑料部分的模型相对比较规整，它们的拆分比较方便，此处先以前握把来进行UV拆解。

（1）前握把。握把由两部分组成，先单独显示下面的圆柱造型，直接将底部最外圈的轮廓线作为裁切线，在竖向的线段中选择一条玩家不易观察到的线段作为UV的切割线（图5-170）。握把的上面部分，选择握把平面与曲面相接的区域进行切割。然后延顺着握把，将从上到下的线段进行切分（图5-171）。

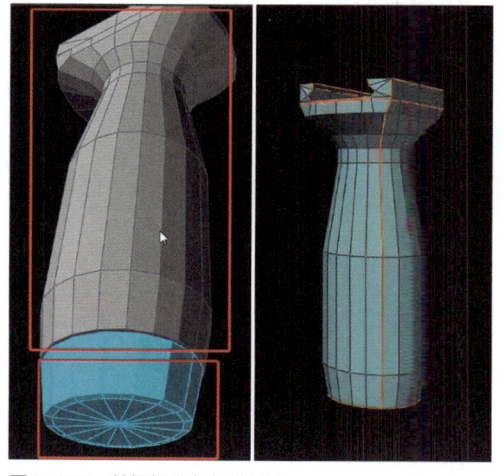

图5-170 前握把分组拆分UV

图5-171 选择合理切线

设置切割线之后对其UV进行展开时发现UV有些轻微的拉扯，这无伤大雅。因为有的结构是偏曲面的，该类模型或多或少会存在一些拉扯，这属于不可避免的问题。如果想要做得更为平直，可以选择从握把顶部和下面圆柱的交接部分一刀切开，然后将圆柱的部分平摊并打直成一个矩形（图5-172）。之后将拆分开的UV块统一放置，防止后面无法查到，并将其移除第一象限，避免在处理其他UV时误操作。

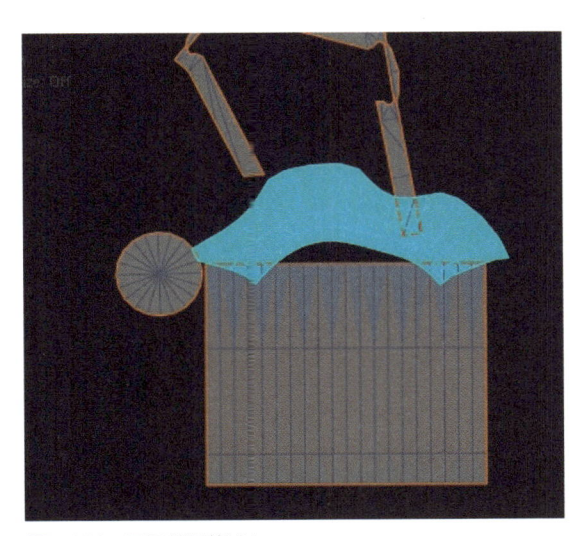

图5-172 展开并调整UV

（2）弹夹。弹夹的结构属于有一定弧度的矩形，沿着它的边缘结构进行拆分。弹夹的位置有些时候在玩家眼中并不占很大画面比例，可以直接将凸起的部分划归在一起，整个弹夹的侧面作为一个整体不进行切分，将切线设置在最隐蔽的一个结构中（图5-173）。

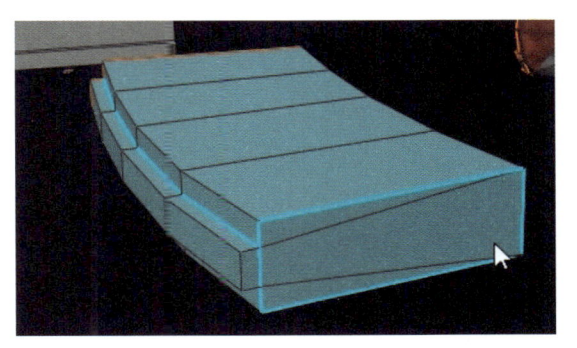

图5-173 弹夹UV切线

弹夹的UV切线设置完毕后进行展开处理。选择UV视图中的横向线段进行约束，然后依照之前的经验进行持续地展开和优化。整个弹夹的UV可以拆解成一个矩形（图5-174）。

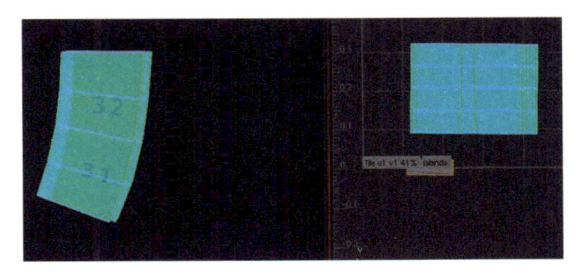

图5-174 弹夹的UV拆分成矩形

（3）后握把。后握把为不规则造型，只有底部和顶部这两个面属于平整的区域，其他都是偏曲面的状态。后握把UV拆解的思路是将其分成三块：一是在底侧的圆圈部位进行裁切，把底部的UV拆开；二是将后握把面对枪身的部分看成一个平面，围绕此块面边缘再做切割即可；三是最顶上类似阶梯状的结构可看成一个整体（图5-175）。

UV切线设置完毕之后直接展开并优化，默认展开的UV已经符合标准，不需要过多处理（图5-176）。

（4）枪托。枪托的结构看起来较为复杂，但它的UV最容易拆解。因为它的整体结构较多，所以UV的整体性也会比较好。枪托的边缘结构较为明显，对外轮廓直接加选就能将其作为UV切割线。

第五章 武器道具——步枪 | 121

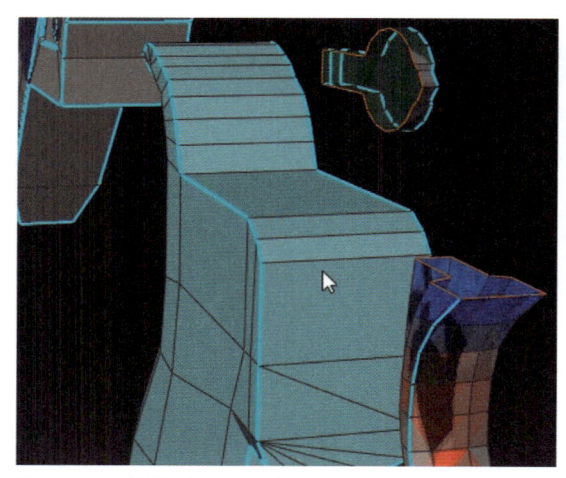

图5-175 阶梯装结构UV作为一个整体

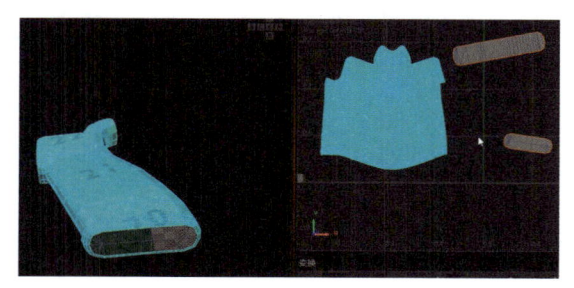

图5-176 UV符合要求

凹陷结构和贯穿整个枪托的孔洞，需要直接选中它外侧的循环边，作为切割线（图5-177）。同样与枪身衔接的地方，因为玩家视角并不能观看到，这里把它缝合成一块即可。

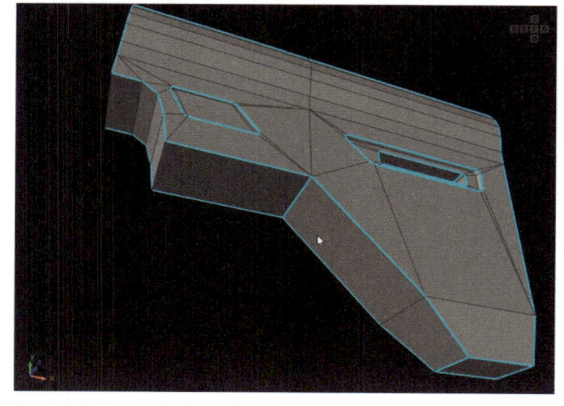

图5-177 以轮廓线进行切割

在确立了缝合边之后直接展开优化，整体的UV造型完整无扭曲，但是UV朝向并不正确。这里使用临时变换调整UV的角度来让朝向正确（图5-178）。

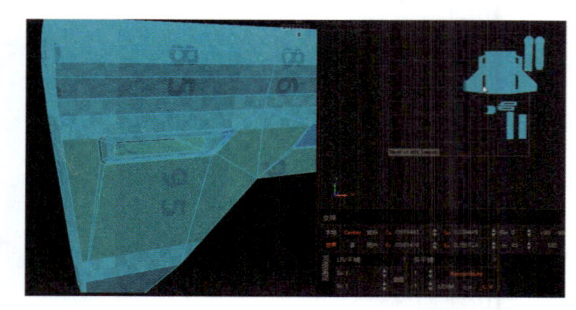

图5-178 调整UV方向

其他结构的UV拆解时难度不大，只需要根据结构切割拆解即可。

8. 文件整理（资源链接　视频：文件整理命名）

在完成UV拆分之后，需要做一个重要的工作，即整理整个模型文件。该枪械采用了两套UV，所以道具命名和排序将在这两套中进行。每一套包含一个高模（H后缀），以及一个低模（L）的组别。本案例中对于低模的命名采用小写的方式，高模的命名采用大写的方式。这种方式可以非常直观地看到不同组别的内容，当然也可以根据自己的喜好来命名（图5-179）。

gun_UV_ok5:jinshu_L
gun_UV_ok5:suliao_L
gun_UV_ok5:JINSHU_H
gun_UV_ok5:SULIAC_H

图5-179 高低模文件整理

分组是以之前区分的金属和塑料来进行，然后要为组别中每一个零件进行命名。双击大纲视图中的网格，然后即可进行重命名，可以按照G1、G2或者g1、g2的方式进行命名（图5-180）。在命名后为了排除对其他模型的影响，可以按"Ctrl+H"键进行隐藏，隐藏之后大纲视图中的命名将会变成灰色。如果需要解除隐藏的操作，可以按住"Shift+H"键，进行隐藏解除。

大纲视图一直是建模软件的重要组成部分，对模型的管理有着重要意义。在制作个人作品或者企业工作时，尤为重视，这是生产流程规范的重要环节。

另外有一些命名小技巧可以作为参考。 在Maya中"-"键默认输入之后会变成"_"（下划线）。如

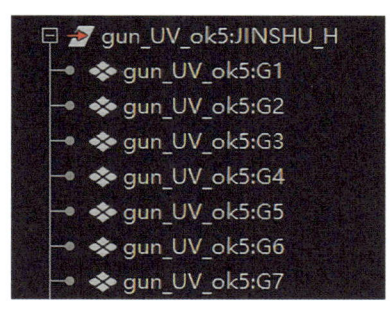

图5-180 重新命名

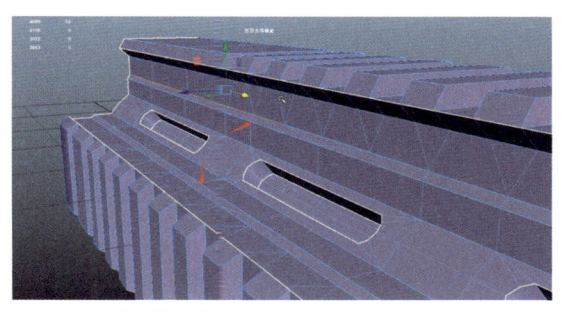

图5-182 转折较大的结构设置硬边

果大纲中存在一个"G1",那么在相同组别下复制该命名就会自动排序。因为组别中存在"G1",之后会自动重命名为"G2",这时为同组别的网格赋予命名,它会自动延续命名中的数字尾缀。

G1……G5、G6、G7……

9. 软硬边设置（资源链接 视频：软硬边）

在对模型命名整理完毕之后,需要处理模型的软硬边,方便后面的烘焙。枪械的整体零件较多,此处会针对枪械软硬边比较典型的问题进行讲解举例。

在处理软硬边时要结合模型的UV视图和3D视图进行查看。主要检查几个问题。

模型结构应该对某处线段设置软边,但错误地设置为硬边;

大于90°的模型设置为硬边,且需要在UV界面进行UV的分离。

如枪管,因为左右两侧是硬边,这里UV部分需要进行断开处理,且保持一定的间隔（图5-181）。

图5-183 设置软边

就目前的技术来讲,其实作为模型而言如果有足够的面数,那全软边会给予模型更好的效果,但是游戏的引擎限制了这个操作。虽然UE5已经实现这个技术,但由于硬件的原因,并不是所有模型都不考虑面数。

在扳机部分,为保证模型效果正确,在垂直的边界都设置了硬边,在UV界面都进行剪切拆分（图5-184）。枪托低模的凹槽部分也同理,在凹槽边缘设置了硬边,保证其结构光影正确（图5-185）。

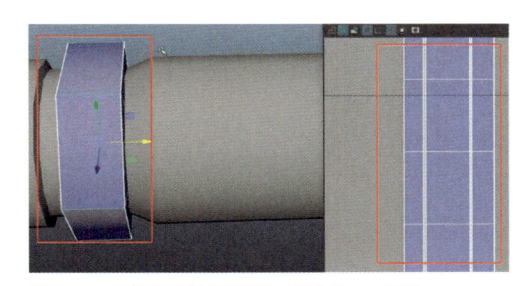

图5-181 设置硬边需要断开所在的UV切线

图5-182中导轨本身结构硬朗,所以在这个结构需要将大的转折处设置为硬边。

有些结构看起来比较坚硬,但打硬边的效果反而并不理想。很多枪械结构如果模型结构弧度没有超过90°,或者打上硬边后有明显错误的光影,可以设置成全软边（图5-183）。

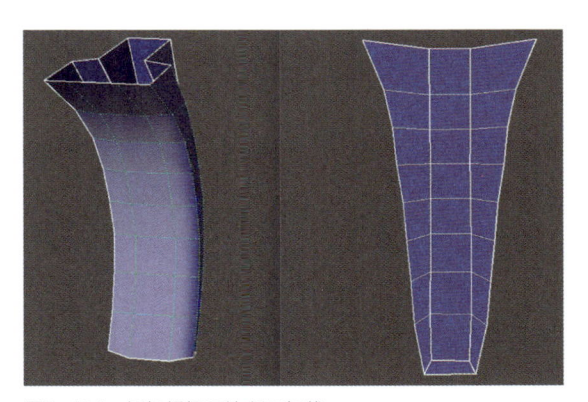

图5-184 扳机根据硬边断开切线

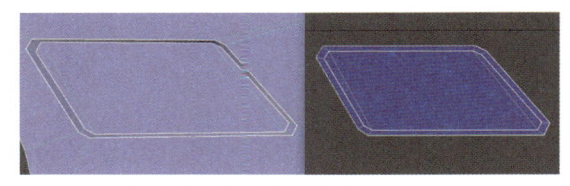

图5-185 内凹结构根据硬边断开切线

三、烘焙贴图

（一）前期准备（ 🔗 资源链接　视频：烘焙准备）

在前期的准备工作中，要严格比对大纲视图的命名，在两套材质的组别中，检查相对应的高模和低模的大小写命名的文件是否为同一物体。这样方便校对处理（图5-186）。

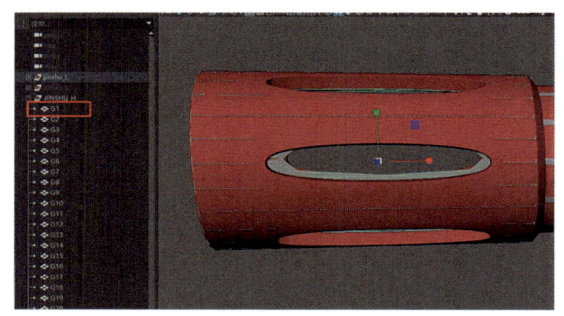

图5-186　检查命名与文件是否一致

接下来需要对此模型进行炸开处理，进行各模型位置的偏移，因为后期将会进行Normal贴图的烘焙。低模之间过近的距离会让Normal烘焙错误。此外，可以将高模和低模分别给予不同的材质球，并将其设置为不同的颜色，以便于进行区分。

利用时间轴插入关键帧（快捷按键S）的方式对模型进行控制。将高低模全部选中，然后统一在第一帧插入关键帧，这样固定对模型最初的形态（图5-187）。（注意，这里的高模是已经执行平滑命令的高模）

图5-187　第一帧为初始状态

逐个零件选中，需要同时选择同一个结构的高模和低模，不能错误选择，否则会导致烘焙出错。

如图5-188所示，选择同一个部件的高低模进行移动，然后不同的零件保持着适当的距离。在时间轴后面任意一帧（本案例中选择第五帧）使用快捷键"S"进行插入关键帧，这样整体零件会在第一帧保持聚拢状态，在第五帧保持分散状态。

图5-188　后一帧为零件分散状态

该小节整体操作方式简单，进行模型的选取，再对应关键帧进行设置。但是，重点在于规范和细心，不能出现模型选取错误，模型距离过近等问题。在处理该环节时需要耐心操作，谨慎检查。

（二）金属部分（ 🔗 资源链接　视频：金属部分烘焙noamal+ao）

接下来正式进行Normal烘焙。将该枪械拆分成金属和塑料两部分，先进行金属部分的烘焙。

烘焙前为了有效区分文件，对金属和塑料的高低模分别进行命名并导出FBX（图5-189）。

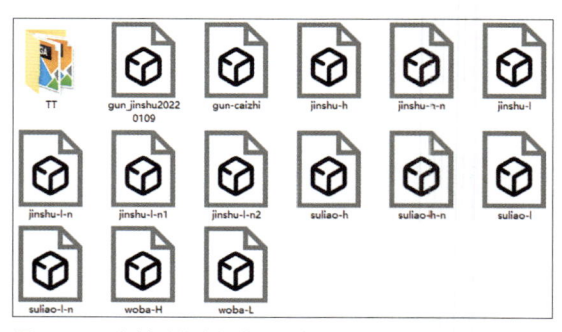

图5-189　以材质的高低模分别命名并导出文件

1. 导入调整

先导入金属部分的高模和低模，并置入对应的烘焙层级。在场景（Scene）中的天空（Sky）里调整它的背景亮度（Backdrop Brightness）这样能有效提高场景的背景亮度，方便观察（图5-190）。并在Marmoset Toolbag中为高低模型设置不同的材质球颜色，方便观察。

设置完成后，对低模的包裹边进行调整。选择

图5-190 在八猴中导入高低模并调整背景颜色

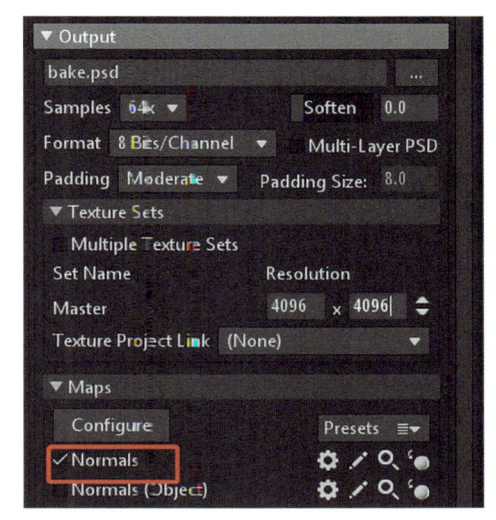

图5-191 烘焙Normal贴图

图5-192 观察Normal贴图效果

Scene大纲中Bake Project1的Low，会在左侧的编辑栏显示出Cage一栏，滑动Cage选择项中Max Offset的滑杆，在3D视图中可以看到包裹框会随之变化，需要调整至包裹略微覆盖低模即可，不用超出太多。

2. 烘焙Normal

设置贴图的烘焙名称和格式，分别为gun_jinshu_n，格式为TGA。其他重要的设置如Samples（采样值）为64X，Format为默认的8Bit，贴图尺寸为4096×4096。勾选Normals一栏即可（图5-191）。

在上述操作都完成之后点击Bake，开始执行烘焙命令。烘焙完毕后，检查低模贴上Normal的效果（图5-192）。

检查之后发现大多数零部件烘焙的效果较为完美，如导轨结构。如果法线效果有较为细小的扭曲，需根据视觉观察范围来考究是否需要重新烘焙处理。如果大多数的零件法线效果理想，部分零件存在问题，需要记录是哪些零件存在问题，之后单独对该零件进行烘焙，再与之前的法线进行合并（Photoshop图片拼接的方式）。

3. 烘焙AO

导入之前第一帧完整聚拢的模型后，进行烘焙设置，与之前法线烘焙基本设置一样，但是需要更改输出贴图的命名，以及在Maps中取消其他的勾选，然后单独勾选AO一栏（图5-193）。

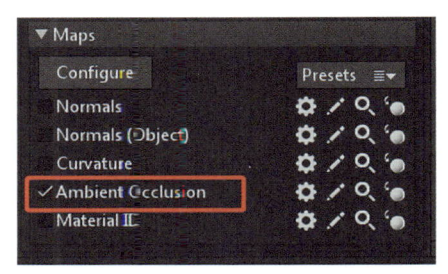

图5-193 烘焙AO贴图

第五章 武器道具——步枪 | 125

设置完毕之后点击Bake，即可获得AO贴图，但与法线不同，AO需要在Maya中检查效果。

打开Maya，导入正常零件分布的模型，然后为其赋予一个材质（建议为Blinn材质，自带高光效果），然后将的AO贴图载入颜色通道（图5-194）。之后如果发现没有显示贴图效果，使用快捷键"6"进行贴图显示即可解决问题。

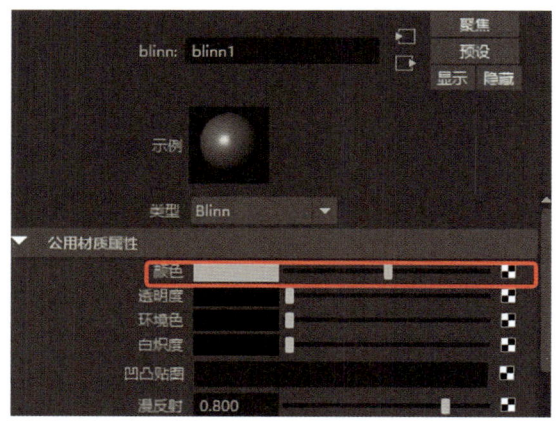

图5-194　在Maya中载入AO贴图

贴上AO之后会发现枪身根据物体之间的遮蔽关系有黑白渐变效果，它表示着枪身本身的光影效果能极大地增强道具的立体感（图5-195）。

图5-195　观察AO贴图效果

如果被覆盖区域没有产生对应的遮蔽阴影，或者无遮挡的地方出现了多余的黑斑则都是错误现象。如图5-196所示，在两个零部件衔接区域会出现灰色的过度阴影，但在衔接部错误地出现了白色，这就是明显的烘焙错误。这种情况需要重新烘焙，或者单独烘焙来处理，也可以在Photoshop中进行修复。

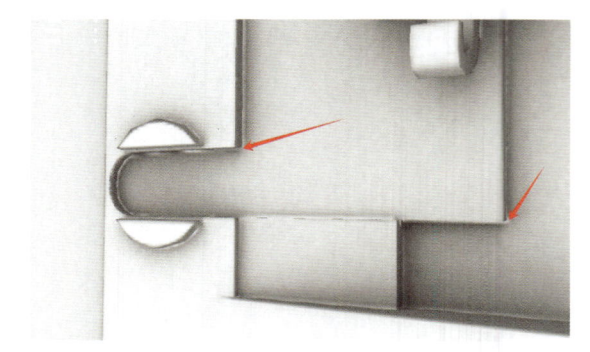

图5-196　发现AO贴图错误并记录位置

（三）塑料部分（资源链接　视频：塑料烘焙noamal+ao）

1. Normal烘焙

参照之前的设置，修改输出格式、贴图命名、采样参数、贴图大小、烘焙贴图类型，调整完毕后即可烘焙。

烘焙完毕后，进行法线的效果检查。检查时可以先从大型结构着手观察，塑料的零部件和之前的金属一样，绝大多数处于理想效果，但部分存在瑕疵。

2. 法线修复

（1）Normal问题的修复：模型UV

如图5-197所示，枪托最尾端的结构存在很明显的折痕，这是低模在软硬边和UV的处理上存在问题。

图5-197　记录Normal贴图错误位置

此类问题如果出现，需要返回之前的Maya文件，对低模的软硬边和UV进行处理修复。

如上面提到的问题，在Maya中处理了它的模型UV，将内圈的UV大小进行适当缩放。

修复完毕之后，重新导出模型，然后在Marmoset Toolbag中进行烘焙Normal。烘焙时需要检查各项烘焙参数。对比前后烘焙的效果，现在的效果才是正确的（图5-198）。

出现此类问题是因为该区域模型的法线歪曲了，可以在Marmoset Toolbag中直接进行修复。

点击Bake Project1中的Low，在其Preview一栏中进行设置，取消其他勾选，然后单独勾选Show Skew一栏，3D视图中就会显示模型法线方向（绿色线条的朝向）（图5-200）。

图5-198 修改软硬边设置重新烘焙

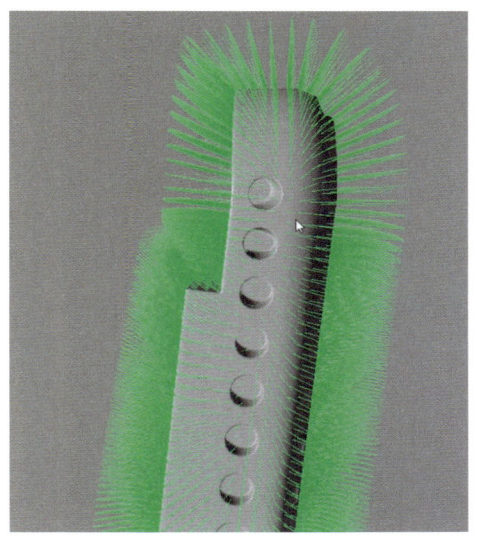

图5-200 打开法线方向显示

（2）Normal问题的修复：模型法线

虽然主要问题解决完毕，但是仔细观察会发现，枪托孔洞的部分在法线上是歪曲的（图5-199）。

再点击同是Low下面Cage的Pain Skew，弹出UV布局，鼠标会变成笔刷样式，用笔刷刷选孔洞部分的模型，被刷选的部分绿色线条会产生由黄色到红色的变化，并垂直于模型平面（图5-201）。在需要修复的地方都执行相同的操作。在上述命令设置完毕后，再次进行烘焙，就可以得到一个非常完美的Normal贴图。

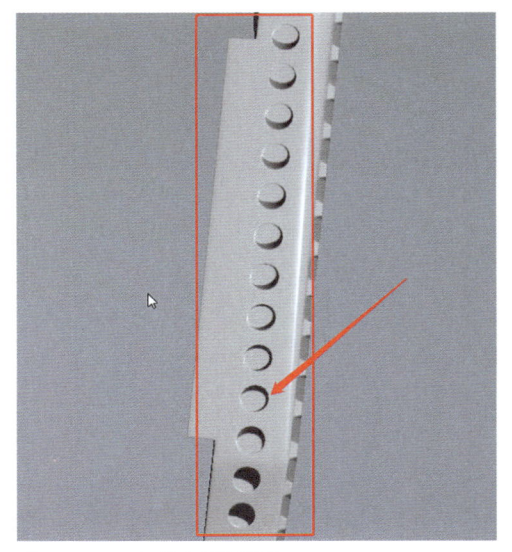

图5-199 凹洞信息烘焙错误

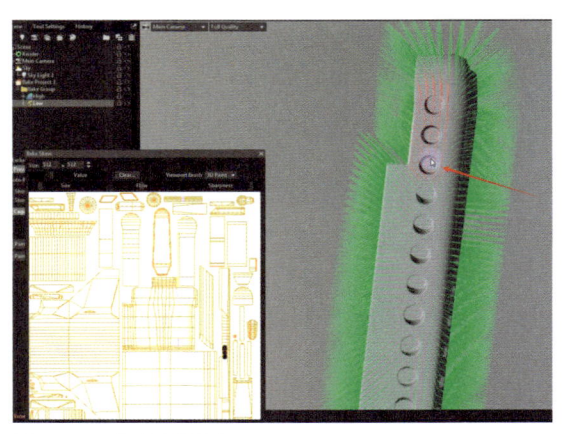

图5-201 修改法线方向

第五章 武器道具——步枪 | 127

3. AO烘焙

在修复完Normal的问题之后,接下来着手处理此前AO的问题。AO烘焙的模型不同于法线烘焙用的模型,需要选取正确的高低模用以匹配。然后如图5-202所示,进行AO烘焙的设置。AO烘焙完毕之后,在Maya中进行AO贴图的效果查看,与之前章节操作一致,在颜色贴图中载入AO贴图,然后进行检查,查看是否出现错误遮蔽效果,及错误黑斑。

图5-202 AO烘焙贴图参数设置

图5-203 烘焙Curvature曲率

Curvature贴图的输出完毕之后,依旧需要在Maya中进行检查。将其载入材质的颜色通道,如图5-204所示。该贴图表示了模型边缘的凹凸信息,可以根据模型结构来查看该贴图是否正确。

图5-204 进入Maya检查Curvature曲率贴图有无错误

4. Curvature曲率(资源链接 视频:塑料烘焙noamal+ao)

到目前为止,金属和塑料都已将它们的Normal(法线)和Ambient Occlusion(环境光遮蔽)贴图烘焙完成。但贴图绘制时,还需要使用其他的贴图。因为是把整个枪械拆分成金属和塑料两大部分,相对应的金属和塑料的Curvature贴图都进行单独处理。烘焙的设置,需要在Maps一栏取消其他贴图的勾选,然后单独勾选Curvature,完成这些设置后,正常点击烘焙即可(图5-203)。

(四)握把贴片的制作

之前的后握把制作只制作了造型,但握把的两个侧面各有一个面片,这里来单独处理握把区域的一个贴片结构(图5-205)。

该结构的材质与握把基本一致,但纹理上存在差异,在制作该结构时采用拓扑的办法进行处理。先将握把的高模调取出来,然后将视图切换至能够正视图、能够完整看到握把一侧。确定好模型角度之后，选择握把模型，然后开启"激活选定对象功能"（图5-206）。

图5-205 后握把贴片参考

图5-206 开启"激活选定对象功能"

在建模工具包中使用"四边形绘制"工具，此时可以在握把上鼠标左键点击，生成对应的顶点。因为此前激活了"激活选定对象功能"功能，生成的顶点会自动依附在握把高模上。依照握把贴片的造型先生成数量较少的顶点。在各个顶点之间点击Shift，根据顶点生成平面，按住Ctrl插入线段（图5-207）。

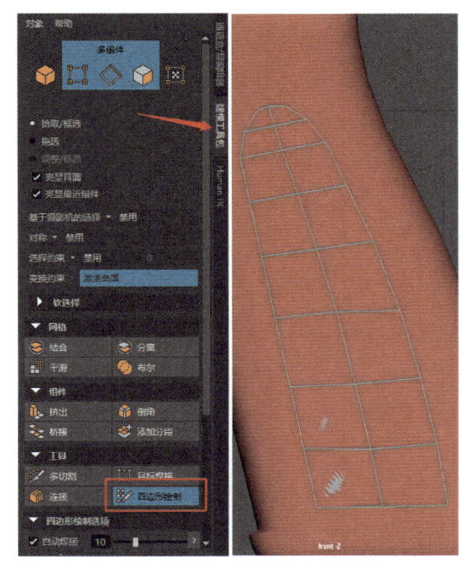

图5-207 制作吸附在对象物体上的模型

利用四边形绘制出贴合握把高模的一个贴片，将其单独显示，然后执行挤压命令，制作出厚度（图5-208）。这样就获得了一个贴片的模型，后期再对其进行细节处理，增加边缘的弧度。这里就将它视作低模，然后复制一份进行卡线处理，平滑后再作为高模使用。

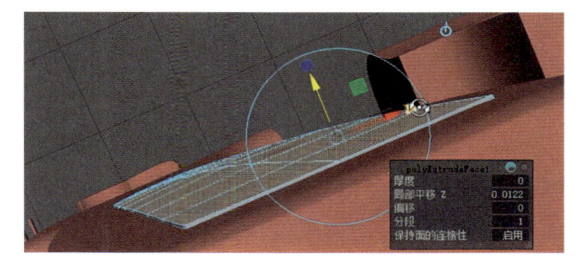

图5-208 挤压贴片厚度

在低模的UV上进行简单处理即可，但因为该结构是后补的，需要给予单独的材质，使其不影响已经安排好的UV排布（图5-209）。此外，该结构是握把两侧都有的结构，制作完毕后需要进行镜像复制处理，以免左右造型出现差异。

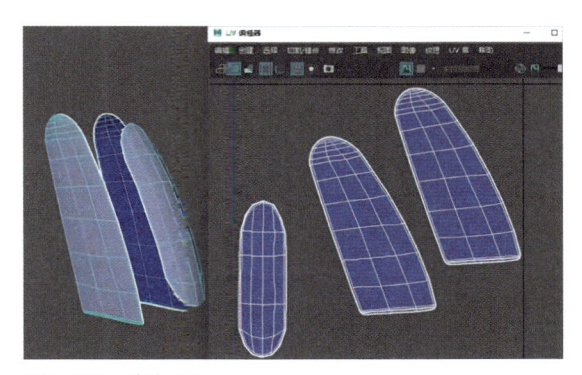

图5-209 贴片UV

四、材质制作

（一）前期准备

ID区域的设定

为了制作得更好并还原枪械的真实效果，需要进行更多的材质ID划分。虽然之前将整个枪械视为金属和塑料两个部分，但在真实世界中构成枪械的金属有若干不同，同一把枪械在不同位置的金属可能存在差异。为更加贴合真实世界和制作出更好的效果，要区分这些差异化的效果，并在整个步枪制作中沿用这种思维。

在Maya中，使用不同颜色的材质指代不同的金属和塑料材质（图5-210）。在此基础上，使用Photoshop为两个主要材质制作ID贴图。本案例中ID的设置如下，图5-211代表金属材质的ID区域，图5-212代表塑料材质的ID区域。

图5-210 用颜色区分材质

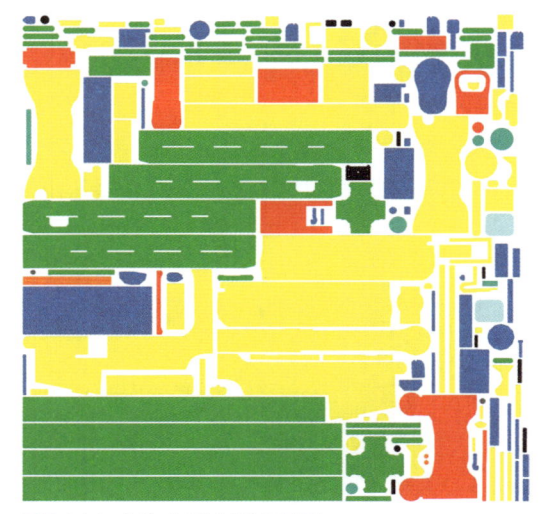

图5-211 制作金属材质的ID贴图

图5-212 制作塑料材质的ID贴图

（二）基础材质 资源链接 视频：SP基础材质定位

此处先在SP中导入模型和烘焙的纹理贴图。除了导入素材之外，其余设置可以不用修改，只保持默认，点击OK进行材质处理。由于步枪这章节涉及的模型及纹理贴图很多，加选的时候一定要仔细检查，核实是否有遗漏部分（图5-213）。

图5-213 检查是否有遗漏的贴图

导入模型后，能看到右上角的三个材质，分别是：枪械的金属、塑料及握把贴片。点击对应材质球可以查看材质的效果，材质球右边的眼睛标志可以开启关闭枪械对应材质的预览效果。

现在，先将之前对齐制作的贴图进行赋予材质。选择对应的材质，然后将贴图拖拽至"纹理集设置"中的"模型贴图"一栏。这里有众多的贴图类型，在赋予材质的时候根据类型进行拖拽（图5-214）。在赋予握把贴片的贴图时会比其他的贴图少一张ID，这并无关系，因为整个握把贴片都是一个材质，不需要使用ID划分。

对整个枪械的材质进行规划定位，对不同区域进行排序分类和材质规划。这样有助于更细腻地制作材质，以及方便整体的材质指导（图5-215）。

先从金属部分开始操作，在右侧图层中新建文件夹，然后为文件夹"添加颜色选择遮罩"，点击"拾取颜色"，该文件夹内的材质就能控制对应ID颜色枪械部件（图5-216）。

图5-214 按材质赋予相对应的贴图

图5-215 步枪材质规划

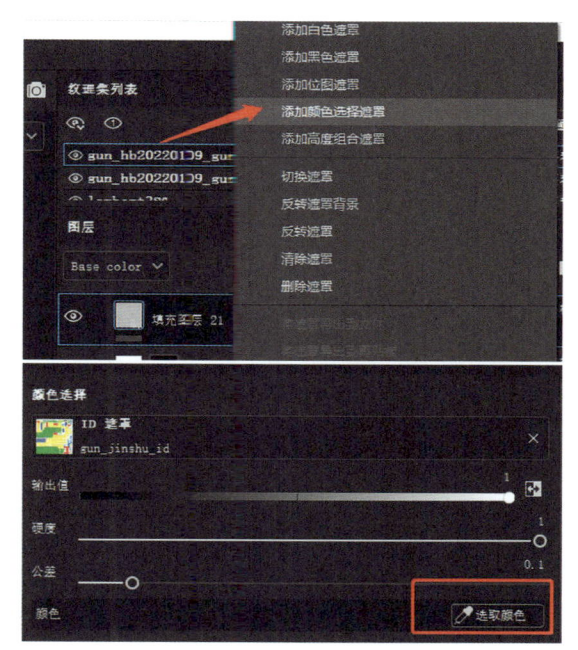

① 铁质枪管
② 金属导轨
③ 金属枪身
④ 塑料、全息镜
⑤ 金属、旋钮
⑥ 橡胶、按钮
⑦ 玻璃
⑧ 金属、不锈钢杆
⑨ 塑料、握把
⑩ 金属、弹夹
⑪ 软橡胶、按钮
⑫ 金属、全息镜底座
⑬ 塑料、握把

图5-216 利用ID为材质确定区域

对枪械的各部分区域进行颜色的设置，尽量依据参考图先将部件的颜色进行基础填充，然后对文件夹进行重命名，方便后面整体管理，命名格式可以为：零件名+材质。例如，枪管金属。

在整个基础定位阶段，根据之前做的定位图，结合参考进行文件夹设置命名，再设置颜色遮罩。整个流程中尽量关注各个材质的差异化处理。

进行基础颜色填充的时候，要注意枪械本身材质的颜色倾向，例如，一些金属偏黄、一些偏冷。要仔细地把握这些颜色倾向（图5-217）。

图5-217 基础材质的颜色需要细致把控

如导轨整体偏黄，枪身材质类似但色相偏绿，在制作中可以将各个相邻材质进行对比，一般可以比较颜色的色相，如偏黄、偏绿的色彩倾向，还有明度的变化，相同色相的材质会更加暗淡，诸如此类。最终，材质还要结合光影、脏污等效果综合浏览。

第五章 武器道具——步枪 | 131

这里主要讲述的是一些材质的比较方式，另外，此处简单进行颜色区分即可，无需花费太多时间。

（三）具体材质制作

1. 枪管（🔗资源链接　视频：枪管材质）

此前已经对材质进行了基础的设置，接下来将逐步对各个区域进行材质的细化。先从枪管的材质开始细化，可以先使用一些软件自带的材质球进行处理，将之前的纯色材质做些变化（图5-218）。

图5-218　枪管基础材质

调整图层顺序，将创建的图层置于系统材质球之上，然后为其添加黑色遮罩，方便增加更多效果。点击遮罩，为其增加生成器（图5-219）。

图5-219　添加生成器

生成器所产生的效果是基于此前导入的贴图进行变化的，所以不同模型的导入会有不同的效果，不必刻意追求一致。

在生成器的属性一栏中，调控各项参数，以控制生成器的效果。使用的生成器会根据模型边缘结构产生磨损，需要留心磨损造型的特点，不能太过强烈。此外，由系统生成的磨损效果主要为本案例提供大型或者宏观效果，细致的修改需要手动添加绘制图层来控制。

在利用生成器提供基础的磨损效果后，继续增加一层枪械的包浆效果。在枪管材质的文件夹下新建空白图层，关闭材质图层中除Roughness之外的其他属性。包浆效果更多的是粗糙度上的变化，所以要关闭其他的属性（图5-220）。在其"材质模式"一栏中载入SP自带的纹理。它会直接影响枪管的粗糙度效果。

图5-220　只保留Roughness属性

在"材质模式"中载入纹理后，查看属性，修改纹理的"比例"，缩放纹理的大小以达到适配模型比例的效果，让纹理进行不同角度的旋转，将纹理的比例变大，这样可以减少纹理的重复。

以上所说的是纹理基础且共通的部分，不同的纹理有不同的控制效果，如控制对比度、疏密变化、像素大小等。

除调整载入纹理的参数外，也要调整材质层的粗糙度（该部件整体的粗糙度），一般可确定整体的基调。

如果，"包浆"的效果太过明显，要让包浆和枪械零件做更好的结合，修改图层的透明度会有更好的效果（图5-221）。

图5-221　用修改图层透明度方式将材质表现出来

将枪管整体的"包浆"处理完毕。为了优化之前边缘磨损的效果，点击选择磨损的图层，点击遮罩为其再添加一个"绘画"遮罩，用来控制边缘磨损的分布。在绘制边缘磨损时，需要留心零件的结构,该结构在哪些地方容易受到摩擦,哪些地方不易受到磨损。

如图5-222所示,该区域的内侧一般没有太多触碰机会,更多的是藏污纳垢,所以该地区的磨损为错误分布,应当用绘制擦除。

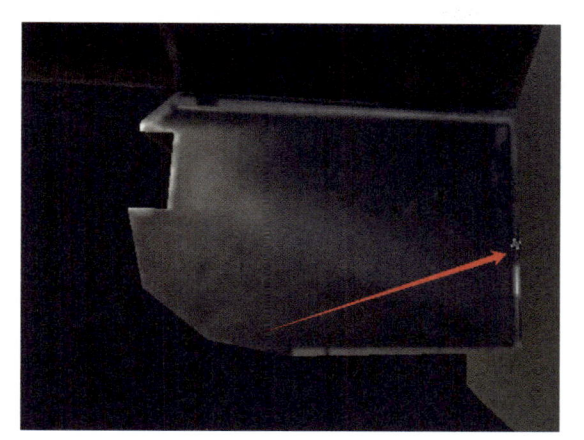

图5-222 修改生成器自动生成材质的错误信息

枪管这种圆柱类的结构磨损,不可能遍布整个枪身和枪口边缘,磨损也不会出现太过密集和过长。手动绘制时,要有意识地注意磨损的分布疏密、大小关系(图5-223)。

图5-223 枪管材质完成

2. 导轨(资源链接 视频:导轨材质)

通过参考可以发现,导轨与后面枪身的材质有些类似,但存在差异,此处制作时需要将差异化着重表达出来。

选择导轨金属的文件夹,选中其材质,在材质属性中选Normal和Height属性,这两种属性在该结构上并不需要。

为了快速处理材质效果,可以从SP的材质库中将预设的金属材质导入导轨材质文件夹中,此处选用Iron Grinded材质,并将其放置于导轨底色材质中,然后关闭底色材质显示,方便观察Iron Grinded(图5-224)材质的效果。检查其材质参数效果,根据需求进行适当地调整控制。

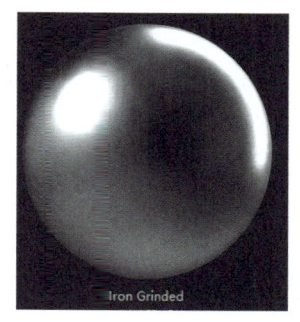

图5-224 导轨基础材质

调整金属材质后,开启之前的底色材质显示,此时3D窗口显示的效果将是颜色材质与金属材质叠加的效果(图5-225)。

图5-225 赋予颜色的金属材质效果

该效果是导轨赋予金属材质的效果,后续仍然需要添加更多的细节来作为补充。为金属材质的颜色添加黑色遮罩,选择遮罩,添加生成器,这里选用Metal Edge Wear生成器(图5-226),该生成器会使模型的边缘生成遮罩效果。

图5-226 选择边缘磨损的生成器

调整生成器中Curvature Weight的数值,可以控制边缘遮罩的范围与大小。该参数建议适当增大并用来模拟零星的磨损效果。磨损效果裸露出来的部分是由之前的金属材质控制的。

点击金属材质，调整金属材质的颜色，使其与颜色图层相似但明度更高，在颜色上做出差异化。

为了制作图层颜色变化更丰富的遮罩，点击填充，载入一张纹理用来生成零星的污渍效果。此处选用纹理BnW Spots 2（图5-227）。该纹理可以调整整体的生成数量和对比度，方便宏观地控制污渍。生成污渍时需要注意不能过多，导轨长期处于手持的区域，即使存在污渍也不会过多。

图5-227　添加BnW Spots 2纹理图

现在颜色图层有生成器与填充纹理两个遮罩层，可以尝试修改遮罩层的叠加模式，同时在各个模式之间进行切换，并根据需求进行选择，然后降低透明度，使遮罩层与生成器完美融合（图5-228）。

图5-228　降低透明度让材质更加真实

新建空白图层，将属性中除Roughness之外的通道全部关闭（图5-229），用该图层专门来控制粗糙度的变化。

图5-229　关闭Roughness之外的通道

选中Grunge Rock纹理，载入图层的粗糙度通道，用该纹理来控制粗糙度的变化，降低通道透明度使其图层与之前图层的效果融合（图5-230）。

图5-230　Grunge Rock纹理控制粗糙度

接下来为整体添加一个脏污，并进行细节丰富，新建一个空白图层，为其添加黑色遮罩，将图层颜色设置为偏黄的暗灰色，取消其Normal与height的通道，以免影响其他效果。

选择遮罩，再为其添加一个生成器，选择Dust Occlusion（图5-231），调整属性参数，使其产生的脏污不至于太过明显，调整生成器遮罩的透明度让其与底层的效果融合。

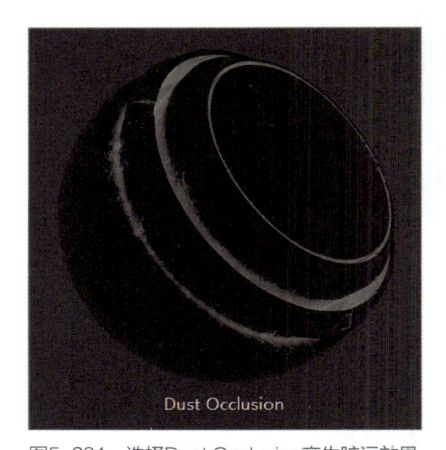

图5-231　选择Dust Occlusion产生脏污效果

复制制作完的脏污图层，清除之前生成器，选用其他生成器，刻意地营造差异化效果。

最后进行细节的丰富，参考真实枪械的导轨，在导轨上有若干的数字标记，此处导入制作的数字遮罩（图5-232），导入时需要将其勾选为Alpha模式，设置为导入项目。

图5-232 导轨上的数字遮罩

3. 枪身（🔗资源链接 视频：枪身材质）

仔细观察发现枪身质感呈现类似铝合金的斑驳效果，但是整体相对干净。所以基调是先做出类似铝合金的效果。

选中枪身金属的文件夹，选择SP自带的金属材质球，作为基础效果的叠加（图5-233）。

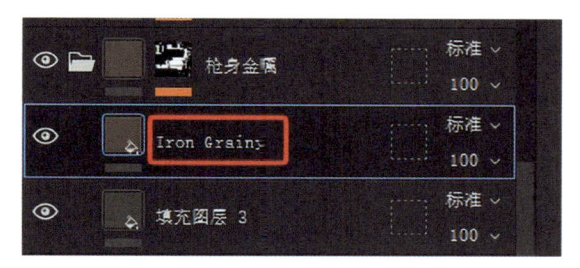

图5-233 枪身铝合金基础材质

调整该材质球的比例，控制它的纹理重复效果。调整该材质球的粗糙度，尽量让其接近参考图，同时将该材质球修改颜色。根据参考图修改后，让其更偏向绿色。材质球的主要调整方向是色相、纹理重复，使其更接近参考图的铝合金效果。

以该材质为基础，复制一份新的材质并放置在其上，接下来对复制的新材质进行深化修改。选择材质，然后右键点击添加生成器，用生成器来提供更加丰富的变化。

除了利用生成器之外，可以效仿之前枪管的操作方式，右键添加填充图层，然后为填充载入纹理，通过纹理调整的方式来控制纹理。

为了制作更好的差异化效果，提升当前材质颜色的亮度，让其与之前的基础材质有差异变化。并且两者相叠加之下有斑驳感（图5-234）。

为了增加真实感，再为其增加一些脏污。在枪身文件夹中新建一个空白填充图层，然后为其添加一个黑色遮罩，方便对脏污的整体控制。右键单击黑色蒙版，为其添加一脏污生成器，这是一个经常用来制作脏污的生成器，一般使用较为频繁（图5-235）。

图5-234 制作铝合金斑驳纹理效果

图5-235 添加脏污生成器

制作脏污，先要进行颜色的变化，使其更加灰暗。在此基础上，将Metallic、Roughness、Color和Height之外的属性去除。

留下高度是为了做一些起伏变化，真实生活中残留的脏污有一定的体积，这里就是用Height来模拟它的体积感。

对属性菜单的滑块进行编辑，可以让枪身整体的质感发生变化，拖动滑块时，也尽量在3D窗口进行光影变化，这会有更直观的效果。

基础的效果一般依靠上述操作就可以完成，如果后续需要另外添加一些细节，如凹陷的文字、贴花等，都可以通过映射等操作来完成（图5-236）。

图5-236 枪身材质完成

4. 塑料握把材质（🔗资源链接 视频：塑料握把材质）

基础材质规划中所有零件的基础颜色已经填

充完毕，下面根据之前的基础色来进行补充深化（图5-237）。

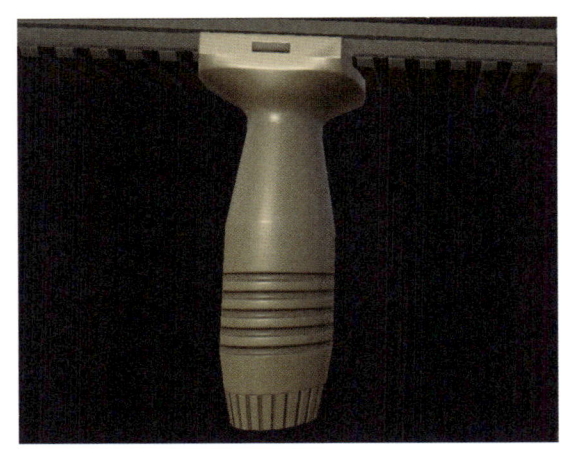

图5-237　基础塑料材质

在处理材质时如果无法找到对应的文件夹，需要切换成对应的材质球。选择对应的材质球和文件夹后，保留之前制作的基础色图层，添加一个新的空白图层用来制作丰富细节，再为其添加黑色遮罩并进行填充。

之后在系统资源库中寻找适合的纹理并进行载入，为了制作握把塑料的磨砂感，需要一些细碎且重复的凹凸，在挑选纹理的时候要尽量挑选贴合参考的纹理（图5-238）。

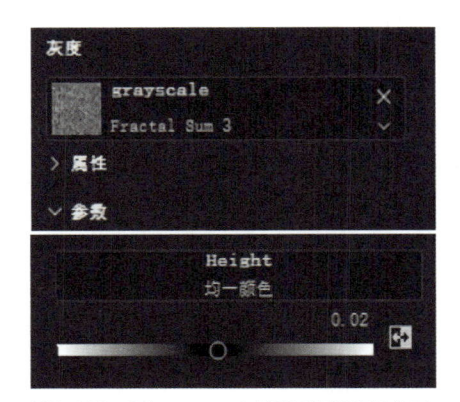

图5-238　添加grayscale纹理图制作凹凸效果

此处使用的是Fractal Sun3纹理，载入之后需要选择材质属性，调整其Height的数值，这里Height会根据载入纹理的黑白分布来进行凹凸分布。

在握把和枪托区域给予相同的材质ID，所以该纹理能同时控制枪托和握把的细节。另外，即使使用相同的纹理，但是可以采用不同的纹理层并给予不同的缩放和Height，以此来打破纹理的重复感。这是一种实用的小技巧，这种技巧在道具、场景乃至角色上都有广泛应用（图5-239）。

图5-239　塑料握把材质完成

之前的材质处理阶段，可以将其视为还原物体的固有材质属性，接下来为其添加脏污。这一阶段称之为做旧，之前的磨损和污渍添加本质上都是做旧。下面开始做旧，为其添加脏渍。

首先选择握把塑料文件夹，为其添加新的空白填充层，增加空白黑色遮罩，然后为遮罩添加生成器。在资源库中搜索Sharp Dirt，该生成器对脏污分布有较好的处理方式。在生成器的属性栏中进行设置，整体控制污渍的生成范围。

由于枪托和握把都是相同的材质，生成器在处理分布可能在满足一个分布需求时无法有效兼顾另一个零件。此时，需要对该层遮罩添加"绘画"遮罩，通过手动绘制的遮罩来控制其分布范围（图5-240）。

图5-240　与握把相同塑料材质

接下来处理握把的贴片，虽然后面将其分为另一个材质，但是无奈之举，这里需要保证贴片和握把的材质几乎一致。握把贴片整体为一个材质，不需要区分ID，所以这里也不用新建文件夹来作为ID分区。

为了保证贴片和握把为一个颜色，可以记住握把颜色的色号，然后在贴片材质上手动输入，但也有更为方便的方式。将握把的颜色加入色板，使得调整其他材质时也能快速使用此颜色（图5-241）。

图5-242 枪身贴花效果

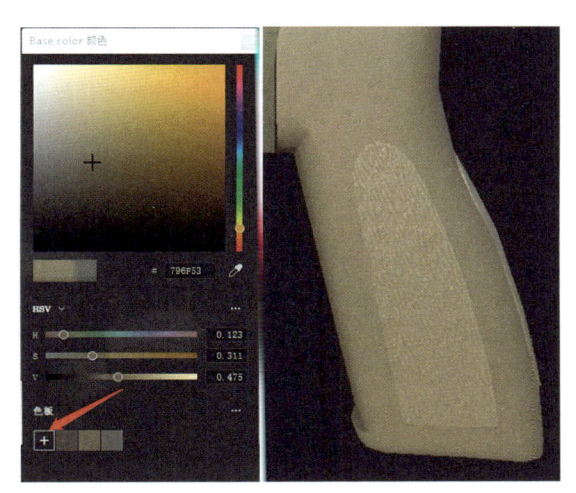

图5-241 添加为常用颜色

贴片材质通过色板的方式和握把实现了颜色的统一。通过参考图可知，虽然贴片和握把在颜色上一致，但在粗糙度和纹理上有些区别。

新增一个空白图层，为其增加黑色蒙版，然后进行填充，在填充中载入纹理，通过纹理结合图层的Height来控制它的凹凸起伏。

此处选用Grunge Map 005的纹理，该纹理在重复之后有接近皮革的质感效果。

5. 枪身贴花（资源链接　视频：枪身贴花）

在处理完毕枪身材质后，接下来需要让整个枪的细节更为丰富，此处需要映射贴花来处理制作。视频教程完成了大部分，在文字介绍部分，这里将着重讲解一些典型效果的制作，贴图的导入设置，以及贴花如何映射（图5-242）。

因为不同设计师的电脑设备存在性能差异，为了能较好地展示制作的细节效果，可以在纹理集设置中设置预览纹理的大小，尺寸越大细节越多，也越占用硬件的资源（图5-243）。

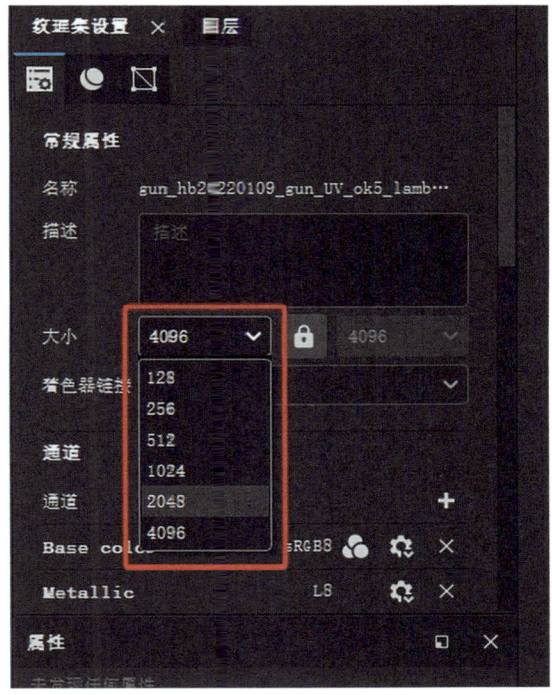

图5-243 修改纹理尺寸

如果出现映射模糊，需要查看映射源文件的尺寸，以及设置的参数。该结构利用灰度图生成遮罩，然后在Height中里制作数值设定即可完成（图5-244）。

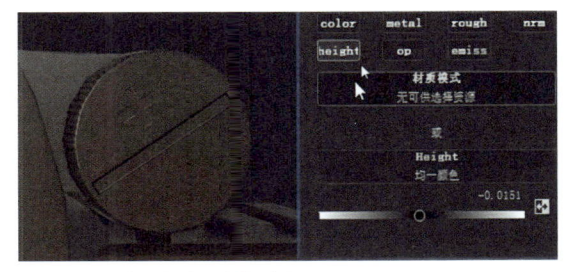

图5-244 使用灰度图制作遮罩

当然，以上是比较简单的应用，在此之前需要导入灰度图，灰度图相当于另一个细致的ID，为其划分颜色和细节提供了力帮助（图5-245）。

第五章　武器道具——步枪 | 137

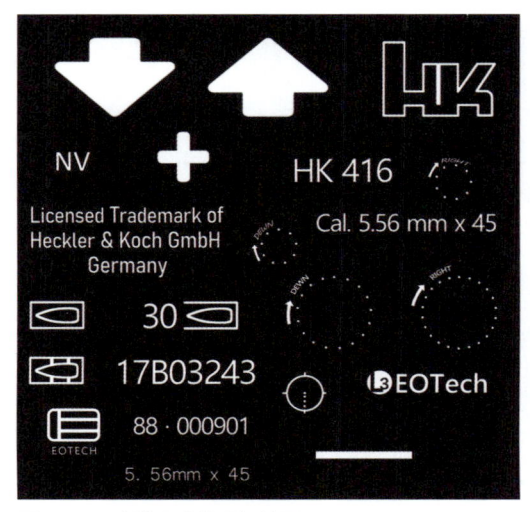

图5-245 制作所有纹理相关图

图5-247 映出凹凸效果

如何使用灰度图进行贴花处理呢？需要为灰度图单独创建一个图层，然后为其添加黑色蒙版，然后为蒙版添加"绘画"，之后再将灰度图载入绘画的灰度中。

然后按3启用映射功能，会发现3D窗口中灰度图置于画面最前面，随着画笔在灰度图上绘制，被绘制的纹理会映射到模型上，它的影响范围仅限于该图层。在该图层上进行颜色的调整或者Height的调整都会使其贴花产生变化（图5-246）。如图5-247所示，参照上面的技巧来为瞄准器的螺钉孔部分增添一些凹凸的文字细节。

除了在3D窗口进行映射外，还可以在UV窗口进行映射，但是映射出的造型会根据UV的样子发生改变。如果想要固定某些大效果或者特殊位置的贴花，用UV窗口进行映射会相对方便（图5-248）。

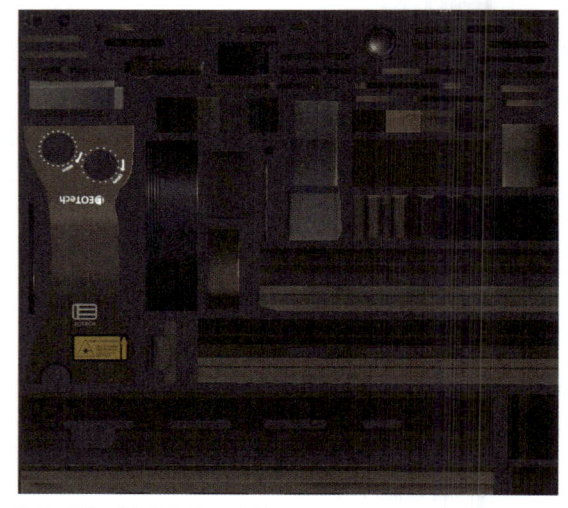

图5-248 采用UV窗口映射

如果需要在UV窗口进行倾斜纹理的映射，可以在UV视图中按住Alt键，鼠标点击可以旋转UV视图画面。

在枪械中瞄准镜的准心贴花也时常用到。此处，可以尝试为瞄准镜制作准心贴花，但需要到Maya中对之前的模型材质再处理加工（图5-249）。

在Maya中单独将瞄准镜的玻璃拆分出来并给予一个单独的材质球。然后选择模型重新导出，并在导出时进行设置。在模型的导出界面中，勾选启用右侧菜单的"材质"（图5-250）。

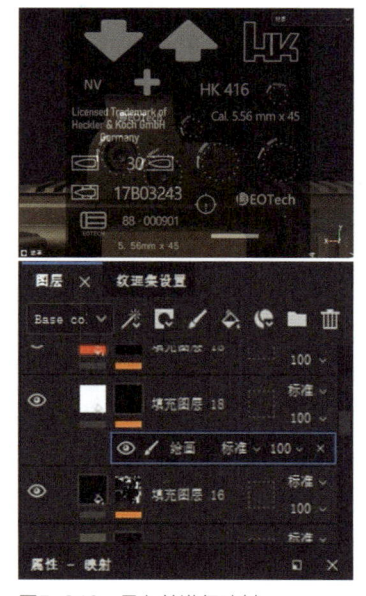

图5-246 导入并进行映射

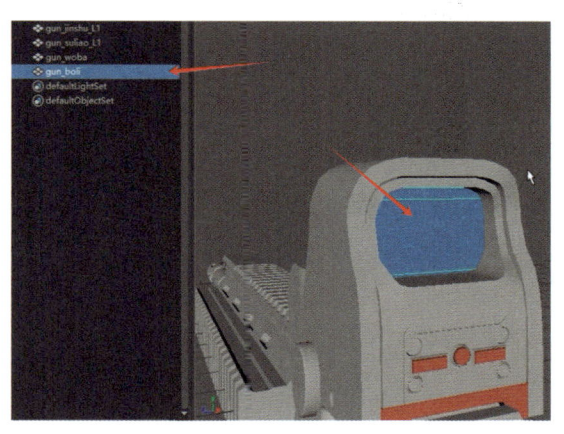

图5-249 将玻璃镜片模型单独拆分导出

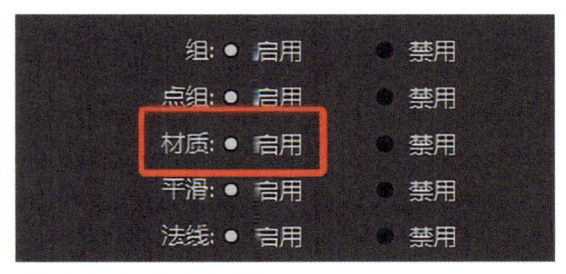

图5-250 导出时启用材质

图5-251 更新模型

图5-252 材质更新完毕

设置完毕后，导出并覆盖之前用于SP中进行纹理绘制的网格模型。

在SP中也需要更新模型，点击"编辑"，选择"项目文件配置"，点击跳出窗口中的"选择"，然后选择之前在Maya中重新导出的模型，即可完成SP中的模型更新。

模型更新后，SP不能自动识别更新后模型的材质，整体材质消失变为白色，这种情况无需担心。

点击纹理集列表的设置，选择其中的"重新分配纹理集"。此时会跳转出一个窗口，左边为禁用纹理集，表示之前做的材质因为未被识别而禁用。中间的项目纹理集就是当前使用的材质，此处因为在Maya中新增了瞄准镜玻璃材质，所以它的数量会比之前得多，这里无需在意。将左边禁用纹理集中的材质拖拽到项目纹理集对应的位置即可（图5-251）。在设置完毕之后，电脑会根据自身配置相应一段时间后更新（图5-252）。

材质更新完毕，正式开始处理瞄准镜的玻璃材质。在纹理集列表中选择玻璃材质。因为该材质仅作为瞄准镜玻璃使用无需另外划分ID，直接在新建图层进行处理所有的效果反馈就会直接出现。

新建一个空白图层，将颜色设置为淡蓝色，模拟出玻璃的效果。正常来说，瞄准干净的玻璃是半透明的效果，点击图层属性但并没有OP选项，这需要自己手动添加。

选中当前玻璃的材质球，点击着色器设置。据图5-253所示，改为pbr-metal-rough-alpha-blending。

设置完着色器，接下来手动添加通道，点击"纹理集设置"通道右侧的加号，在弹出来的面板中选择Opacity，添加后再添加Emmisive。Opacity提供半透明效果，Emmisive提供自发光效果（图5-254）。

第五章 武器道具——步枪 | 139

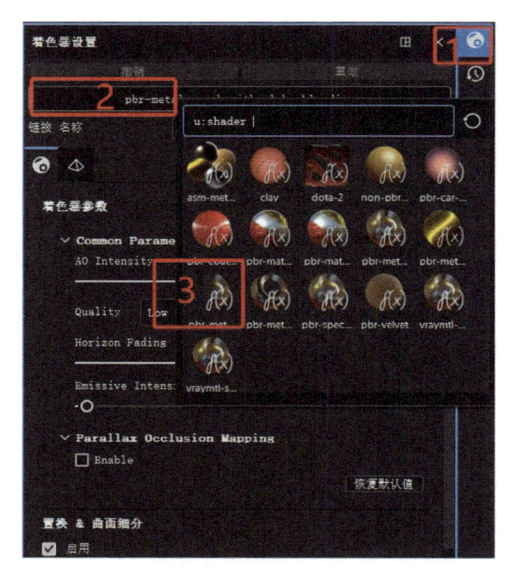

图5-253 开启透明材质设置

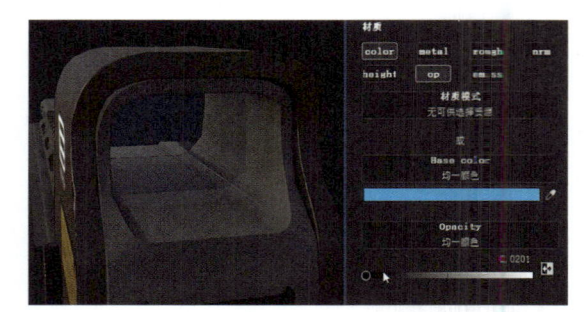

图5-255 调整适当透明度

为了更加准确地绘制准心，建议在UV窗口进行映射，映射完毕之后，在该图层修改颜色为红色，点击图层属性Emissive，开启自发光通道，设置自发光颜色为偏黄的红色，并设置OP的参数（透明度），让其更符合标准准心半透的效果（图5-256）。在准心效果制作完毕后，整体贴图基本完成，接下来进行贴图的导出设置。

图5-254 添加透明材质选项

图5-256 映射瞄准器准星

选择玻璃的图层，此时它拥有了OP的选项，点击开启，然后拉动滑杆，将参数调整到适合效果（图5-255）。

修改玻璃材质是为了更好地制作全息瞄准镜的准心效果。新建一个空白图层，放置在玻璃图层之上，为其添加黑色遮罩，然后添加"绘画"并在其灰度中载入之前导入的灰度图，按"3"启用映射功能。

6. 贴图导出（资源链接　视频：SP材质贴图导出设置）

点击"文件"，选择"导出贴图"，跳出对应面板。一般来说，SP默认的模板已经能满足游戏PBR的输出需求，这里尝试新建属于自己的输出模板。

在弹出的"导出纹理"面板中，选择"输出模板"，点击"预设"右侧的"+"，系统会创建一个新的输出模板，点击它可以进行修改命名，也可以进行预设编辑。这里新创建的输出模板为空板，此时需要手动为输出模板添加输出的贴图。

在"输出贴图"一栏中点击"RGB"，创建一个带有RGB通道的贴图。此处，新建一个RGB，将命名修改为Smes_Base Color，再将右侧"输入贴图"的"Base color"拖拽到创建的"RGB"上，将其作为颜色贴图的载体。

颜色贴图处理完毕，再新建一个RGB用来承载Normal，因为法线也是多通道组合的信息图片，之后为其命名。需要注意的是，不同的软件需要不同格式的法线，案例需要的是OpenGL格式的法线，需要将转换贴图的Normal OpenGL置入法线的RGB中。

如果是Metallic、Roughness、Ao等灰度图，可以创建"Gray"格式的贴图。这种常用于单通道的灰度贴图，如果想要节省资源，可以采用将灰度图分别置入RGB格式的各个通道中，但此处不需要如此节省，所以单独为每一个灰度使用"Gray"即可，最后再将对应输入的贴图载入"Gray"，输出模板后设置完毕（图5-257）。

图5-257 导出贴图设置

接下来执行最后的输出设置。设置选择四个材质球，输出目录，选择其为指定的存放目录，输出模板更改为此前制作的输出模板，贴图输出格式建议为TGA，输出贴图大小为4096，填充修改为"膨胀+透明度"。完成以上设置，点击导出。

五、引擎渲染 （资源链接 视频：八猴渲染）

接下来进入最后的环节，继续采用Marmoset Toolbag来进行渲染。

为了更加方便整体观察，适当修改默认的天光，在Sky中修改Backdrop的Backdrop Brightness，可以有效调节整体天光的亮度。

导入完整的低模枪械模型，为了避免出错，删除系统自带的材质球，然后手动增加材质替换枪械。

为材质球赋予贴图，在材质球选项中的Surface中勾选Normal Map选项，然后在此载入Normal贴图，用以表现枪械的凹凸细节，颜色贴图放置在Albedo中的Albedo map中，Roughness放置在Microusurface中，Metallic贴图放置在Reflectivity中的Metalness Map中。所有材质的上述贴图都按此方法进行放置。

瞄准镜的贴图要比其他材质多透明度和自发光贴图，需要单独放置。Marmoset Toolbag中Emissive和Transparency两个通道一般是默认收缩的，需要手动点击倒三角，然后开启通道将贴图载入（图5-258）。

图5-258 贴图载入八猴软件

如图5-259所示，在Marmoset Toolbag中打光，表现环境下枪械的纹理效果。

将贴图处理完毕，继续进行灯光氛围的处理。

图5-259 观察在八猴中灯光下材质效果

首先，进行环境光的处理。点击Sky Light中的"Presets"进行HDR的切换，在弹出的窗口口中有若干的HDR可供选择，这里下载并使用Abandoned House作为环境光照（图5-260）。

图5-260 添加HDR环境

适当地修改环境光的Brightness可以提升整个环境光的亮度。产品打光建议可以适当提亮，除了环境光照之外，再手动添加一个Light，修改Type为Directional作为直射光源。

将这盏光源放置在枪械左侧上方，点亮主体，然后复制一盏到其后右上方照亮背部，再在枪械正侧面补充一个点光作为补光。这里可以有意塑造一种红蓝对比的、带有比较明显颜色倾向的对比效果，作为主要输出目标。

复制之前左侧的灯光，增加灯光强度，修改灯光颜色为蓝色，作为主光源，然后再在枪械右后方复制一盏灯光，将其设置为红色，作为辅光，削弱其亮度，使其弱于主光源。

这样在两盏灯光的对比下，枪械会有经典的冷暖对比氛围（图5-261）。

图5-261 添加环境灯光

设置完毕灯光，接下来进行Marmoset Toolbag的效果预览设置和输出设置。

一般来说，点击Render中的Ray Tracing可以让渲染画面有更好的效果，这是启用了光线追踪的原因，但是相对应也会有更多的性能消耗，建议结合自身的配置来开启使用（图5-262）。

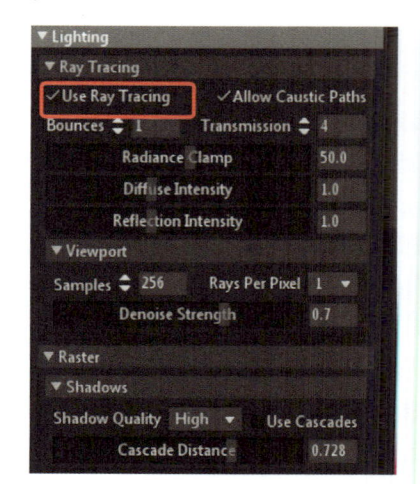

图5-262 开启光线追踪效果

最后进行相机的设置，渲染出图的结构是由3D空间内相机将它拍摄的画面进行渲染的。通过调整相机的参数，可以在不影响3D空间和模型的基础上调整渲染效果（图5-263）。

图5-263 设置相机

在相机设置中可以设置如电影效果中常见的暗角，还有效果氛围的辉光。这里在相机设置中启用辉光，这样在枪械的最终显示中能在枪械周围产生朦胧的光影效果。

最后，此处并不需要进行最终渲染出图，所以该章节的讲解在完成以上设置后便结束了，最后附上最终在Marmoset Toolbag的效果（图5-264）。

图5-264 步枪最终渲染

第三节　课程任务实施

任务布置
武器道具制作训练

任务组织
（1）课堂实训："步枪"道具全流程制作，独立完成。
（2）课后训练：学习课程大作业，完成"火箭筒"的三维模型和材质的制作。

任务分析
1. 课堂训练任务分析

"步枪"的模型和材质制作，要求以图5-265的造型作为步枪参考，材质及颜色可自己修改设计。

图5-265 "步枪"作业

2. 课后作业任务分析

图5-266 "火箭筒"作业

（1）结合课程大作业，理解并掌握武器制作的知识和技能。
（2）理解武器在游戏中产生的作用。
（3）结合单兵武器在游戏中的作用对其进行拓展性的思考。

任务准备
结合课程大作业，掌握灯步枪的整体结构以及材质表达，能够完成三维设计制作。

任务要求
（1）课堂训练分段进行，即分为模型制作阶段、拆分UV阶段、材质制作阶段、整体渲染阶段。
（2）课后完成火箭筒的三维模型及材质效果图。

本章总结
本章学习的重点是如何选择正确的制作思路来制作比较复杂的道具。特别是道具含有两种或两种以上的主要材质时，如何选择以材质来划分模型UV。在制作过程中，学习一套新的UV拆解软件，学习使用不同的软件进行搭配，可以极大提升制作的效率。

课后作业
（1）完成课程大作业武器道具步枪的各个阶段内容（中模、高模、低模、UV、材质、渲染）。
（2）完成火箭筒的武器道具制作。

思考拓展
技术的革新引领着软件技术的发展，这在游戏行业中非常普遍。对于很多学习者来说，在设计制作模型时，不同软件对于项目的优点和缺点表现并不太明显。该如何选择正确的制作思路和软件，在项目开始阶段非常关键。请基于对现代行业技术的革新，谈谈你对游戏道具制作的看法。

课程资源链接
课件